만화로 쉽게 배우는 우주

Original Japanese edition
Manga de Wakaru Uchu
By Kiyoshi Kawabata, Kenji Ishikawa and Verte
Copyright ⓒ 2008 by Kiyoshi Kawabata, Kenji Ishikawa and Verte
Published by Ohmsha, Ltd.
This Korean Language edition co-published by Ohmsha, Ltd.
and SUNG AN DANG Publishing Co.
Copyright ⓒ 2008
All rights reserved.

머리말

이 책의 시나리오를 쓰고 있는 도중에, 다른 일로 우연히 만난 한 카메라맨이 갑자기 이런 얘기를 꺼냈다.

"요즘, 우주에 대해 생각하는 게 즐거워요."

왜 그런 얘기가 나왔는지는 모르겠다. 극히 평범한 잡담을 나누다 나온 이야기였다. 이유를 물어보니, 카메라맨은 이렇게 대답했다.

"나를 둘러싼 우주가 어떤 것인지 상상하는 건, 일과는 전혀 다른 쪽의 머리를 쓰기 때문에, 기분이 좋아져요."

과연 그렇다는 생각이 들었다. 확실히 일을 할 때에는 실수하지 않기 위해 계속 세세한 부분까지 신경 써야만 한다. 그 때문에 일을 오래 하고 있으면 몸 한쪽의 근육이 집중적으로 아파오는 것 같아 머릿속이 피로해진다. 시험공부 같은 것이 그렇다.

그럴 때에는 평소에 별로 하지 않는 '사고(思考)'를 하면 좋다. 가벼운 운동을 해서 근육의 피로를 푸는 것과 같은 방법이다.
'우주란 어떤 것일까?' 등의 테마는 딱 들어맞겠지. 카메라맨이 말하고 싶었던 것은, 확실히 이런 것이었다. 우주에 대해서 생각하는 건 나도 좋아하는 것이기 때문에, 몇 가지 지식을 공개했다.

"우주란 모든 것이 움직이고 있고, 공간 그 자체도 확장되고 있기 때문에, 좌표 등으로 특정 장소를 표시하는 것은 불가능하죠."
"은하계를 구성하고 있는 물질이나 에너지의 대부분은, 아직 무엇인지 모른다고 합니다."
"혹시, 우리 우주 이외에도 다른 우주가 있을지도 몰라요."

너무나 애매해서, 지식이라기보다는 세상 사는 이야기 같지만, 그래

머리말

도 카메라맨이 흥미를 보였기 때문에, 잠시 둘이서 하늘에 생각을 맡겼다. 짧은 대화였지만, 매우 즐거운 기억이다.

'왜, 우주가 재미있는 걸까?'

어쩌면 이 질문은, 아무리 생각해도 답을 구할 수 없을지도 모른다. 물론 지금까지 인류는 우주에 관한 많은 지식을 축적해왔다. 우주만이 아니라 물질 탄생의 비밀에 다다른 빅뱅 이론이나, 우주공간의 대규모 구조의 발견 등은 '우주의 전모'에 다가서는 중요한 답이다.

그런데 새로운 지식이 더해질 때마다, 그 이상의 많은 수수께끼가 생겨난다. 즉, "산 저편이 알고 싶어서 올라갔더니, 또 저편에 산이 있고, 그리고 또 저편에…"라는 것이 우주에 관한 연구의 역사이다.

예를 들어 달에 물이 있을까 하는 문제는, 꽤 오랜 기간 논의되어 왔다. 혹시 대량의 물이 있다면 그것을 분해하여 산소를 만들 수도 있고 마시는 물로도 이용할 수 있기 때문에, 월면기지의 건설에 큰 희망이 생긴다. 그것만으로도 인류에게 있어서 중요한 일이지만, 이 견해도 계속 바뀌어 왔다.

달을 구성하는 물질은 지구와 비슷하기 때문에, 단순히 생각하면 처음에는 물이 있었을 것이다. 그런데 이 '별'에는 대기가 거의 없기 때문에 이윽고 수분은 증발해 우주공간에 흩어져 버리고, 이후 사막과 같은 풍경만 남았다는 것이 오랜 기간 생각되어 온 달의 모습이다. 그렇지만 양극(북극과 남극) 부근에 항상 음지인 크레이터가 있다는 것을 알게 되자, "혹시 물이 얼음 상태로 보존되어 있는 것은 아닐까?"라는 기대론이 커져 왔다. 그런데, 결과는 어떤가? 현재, 달의 주회 궤도를 돌면서 관측을 계속하고 있는 일본 탐사기 '카구야'의 최신 보고에 의하면, 유감이지만 남극 부근에서 얼음의 존재는 확인되지 않았다고 한다. 흙 속에 숨어 있을 가능성은 있지만, '설령 물과 얼음이 있어도 매우 적을 것'이라는 게 현 단계의 최신 결론이다. 단, 이후에 땅 속의 조사가 진행되면, 또 '답'은 달라질 것이다.

가장 친숙한 천체인 달에도 이렇게 그 나름의 수수께끼가 있기 때문에 태양계, 은하계, 은하군… 이런 식으로 대상을 확장해나가면, 더 모르는 것 투성이다. 그래도 열심히 진실에 접근해 간 선인들의 노력에 경의를 표하며, 나 나름으로 상상해서 추측해 보는 사고 실험은 뇌의 유연체조가 될 뿐만 아니라 어쩌면 노벨상급의 발견으로 이어질지도 모른다.

이 책의 주인공인 세 명의 여고생들, 잔디, 글로리아, 가을이도 처음에는 가벼운 마음으로 우주에 흥미를 보였지만, 지식이 깊어지면서 점점 그 매력에 빠져들게 된다. 그리고 이야기가 종반에 다다르면 불완전하지만 천문학이나 우주물리학의 최전선에까지 도달하게 된다.
그런 그녀들의 이야기를 즐기기 위해 만화나 해설문 속에서 어려운 이야기는 최대한 피했다. 나 자신이 과학서에 수식이 나오자마자 도망가고 싶어지는 타입이기 때문에, 이 점은 최대한으로 신경썼다. 도중에 어쩔 수 없이 몇 개의 수식이 나오기는 하지만, 그냥 읽고 넘어가도 전혀 문제될 것이 없으니 안심하기 바란다.

우주는 우리 모두의 머리 위에 평등하게 펼쳐져 있다. 그보다 우리 자신이 우주의 일부이기 때문에, 과학자가 아니라도 좀더 자유롭게 생각을 순환시켜도 좋겠다.

"우주를 생각하는 것은 즐겁네요."

이 책을 읽은 후, 여러분이 이렇게 생각해준다면 저자로서 최고의 행복을 느낄 것이다.

Ishikawa Kenji(石川 憲二)

감수의 말

얼마 전, 이시카와 겐지(石川 憲二) 선생이 이 책 출판에 앞서 감수해 달라는 부탁을 하여 선뜻 그러기로 하였다.

지난 번 내가「146억 광년의 길고 먼 여행」을 집필할 때 크게 도움을 받은 일도 있어서, 이번에 그 은혜에 보답코자 하는 마음이 들어서였다. 그렇지만 감수하는 일은 조심스런 일이라 원고를 가능한 한 잘 살펴 저자나 출판사에 폐가 없도록 오자(誤字)나 적절치 못한 표현을 정정(訂正)·개정(改正)토록 하리라 마음먹고 시작하였다.

우주에 관한 연구는 이제 일진월보하여 연구자도 자기 분야의 연구가 지금 어디까지 진전하였는지 이해하는 일조차 어렵게 된 가운데 우주 전체의 모습을 이해한다는 건 누구에게나 어려운 일일 것이다.

이러한 관점에서 이 책의 내용을 보면, 태양계를 살펴보는 데서 시작하여 나중에 '우주론'에 이르기까지 최신 주요 관측결과라든가 이론적 성과를 충실히 살펴서 정리하고 있음을 보고 놀라지 않을 수 없다. 더구나 천문학이나 우주물리학의 기초적인 사항도 빠뜨림 없이 정성껏 설명을 하고 또, 우주에 관한 수수께끼도 저자의 높은 관심과 함께 풀어가고 있어서, 이 책은 참으로 역동적이고도 독특하고 건전한 우주 해설서로 역할을 다하고 있음을 알 수 있다.

또한, 만화가 갖는 커뮤니케이션 수단으로서의 위력도 막대한 것이어서 독자가 쉽게 접근하고 이해하는 데에 이루 다 말할 수 없이 효과적인 것도 사실이다.

이 책을 통해서 새로운 '우주상'에 대하여 이해를 증진시키고 우주에 대한 흥미를 일으켜, 장차 그 비밀을 풀리라 다짐하는 독자가 많이 생긴다면, 우주론 연구에 한평생 함께 한 감수자로서 더 큰 기쁨이 없을 것이다.

Kawabata Kiyoshi(川端 潔)

차례

프롤로그

| '달'로부터 시작되는 이야기 | 11 |

| 카구야 공주 이야기 | 20 |
| ☆카구야 공주 이야기는 우주관찰의 성과?! | 28 |

제1장

| 지구는 우주의 중심일까? | 33 |

1-1 하늘에 나타난 수수께끼의 빛	34
1-2 태양은 지구 주위를 돌고 있다?	44
1-3 2300년 전에도 있었던 지동설	50
1-4 천동설에서 지동설로	60
1-5 우주의 거리감	66
칼럼 수평선까지의 거리는 어느 정도?	76
칼럼 '우주'의 크기를 측정하는 방법(1) 달까지의 거리는 어느 정도?	77
☆ '천동설 vs. 지동설' 배틀 로얄의 행방	80
'케플러 법칙'의 좀 어려운 설명	85

제2장

| 태양계에서 은하계로 | 91 |

| 2-1 만약 카구야 공주가 태양계의 행성에서 왔다면? | 92 |

차례

태양계의 카구야 공주	94
2-2 은하수(Milky Way)·은하	110
2-3 은하계의 크기는 태양계의 몇 배?	116
2-4 은하계의 중심에는 무엇이 있는 걸까?	118
칼럼 은하계의 수수께끼 베스트 5!	120
2-5 은하계는 많은 은하 중 하나	122
☆ 인류에 있어서의 '우주'는 점점 커지고 있다	128
칼럼 '우주'의 크기를 측정하는 방법 (2) 우주공간을 이용한 삼각 측량이라는 비법	136
칼럼 가까운 우주인데 아직 수수께끼가 가득 태양계의 크기는 어느 정도일까?	138

제3장

우주는 빅뱅으로 생겨났다 — 139

3-1 우주라는 바다에 뜬 섬 '은하'	140
칼럼 '우주의 대규모 구조'란?	150
3-2 허블의 대발견	152
3-3 우주가 팽창하고 있다면…	161
3-4 모든 것은 빅뱅으로부터 시작됐다	171
칼럼 허블의 우주팽창설은 불완전했다?!	172
칼럼 빅뱅 우주론이 입증된 3가지 이유	176
☆ 우주인은 있는 걸까, 없는 걸까?	190
칼럼 '우주'의 크기를 측정하는 방법 (3) 별의 성질을 잘 알면 거리도 알 수 있다?	196

제4장

우주의 끝은 어떻게 되어 있을까?   199

4-1 우주의 끝   200
4-2 가장 가까운 지구형 행성   211
카구야호 여행 놀이   214
4-3 도착한 우주의 '끝'   216
☆사누키 교수의 강연☆   217

에필로그

우주는 한 개뿐인 걸까?   221

칼럼 "우주는 얼마든지 있다."는 다원우주론   227
☆우주의 끝, 우주의 탄생, 그리고 우주의 최후…   228
칼럼 우주공간에서 사용하는 것은 가우스 곡률   230
칼럼 아인슈타인의 실패는 아직도 이어진다   235

참고문헌   240
사진제공   243
찾아보기   244

프롤로그
'달'로부터 시작되는 이야기

카구야 공주 이야기*

옛날옛날 할아버지가 물건을 만들려고 대나무를 베러 갔다가, 밑동 쪽이 빛나고 있는 대나무 한 가지를 발견했습니다. 이상하게 여겨 잘라보니, 안에서 나타난 것은 손바닥에 올라갈 만큼 작은 여자아이였습니다. 할아버지는 "아이가 없는 우리를 불쌍히 여긴 하나님이 주신 건가봐."라며 데리고 돌아와, 할머니와 함께 키우게 되었습니다.

그 후, 할아버지가 베어 온 대나무에는 황금이 들어 있는 경우가 여러 번 있었고, 그로 인해 생활은 점점 윤택해져 갔습니다. 그리고 여자아이는 점점 자라, 3개월 후 결혼 적령기의 처녀로 성장했습니다.

성장이 빨라!

뭐, 이야기이니까…

카구야 공주라고 이름 붙여진 딸은 매우 아름다워, 전국에 소문이 났습니다. 그러나 많은 남성이 몰려와도, 그녀는 전혀 관심을 갖지 않았습니다.

하지만 5명의 남자는 포기하지 않고 계속 구혼을 했습니다.

그래서 카구야 공주는 절대로 구해 올 수 없을 것 같은 진귀한 보석을 손에 넣는 것을 승낙의 조건으로 했습니다. 당연히 누구도 성공하지 못했습니다.

어떤 보석이야?

용의 머리에서 오색으로 빛나는 구슬이라든가, 뭐 그런 거야.

* '카구야 공주 이야기'는 대나무에서 태어난 아가씨의 이야기로, 일본어로 대나무를 '타케토리'라 하여 '타케토리 이야기'로도 불린다.

그 이야기를 들은 오오토모의 다이나곤은, 자신의 가신에게 임무를 주어 보석을 찾게 했어. 그렇지만 그들은 다이나곤을 배신하고 모두 어딘가로 도망쳐버렸지. 할 수 없이 스스로 배를 띄웠지만, 태풍을 만나 큰일을 당했단다. 이야기로는, 이러한 인간냄새 나는 소란한 극이 재미있겠지만, 우린 갈 길이 머니 서두르자.

그로부터 3년 후, 카구야 공주는 달을 보자 생각에 잠기며, 가을의 만월이 가까워지자 눈물을 흘렸습니다. 걱정한 할아버지가 이유를 묻자, "저는 지구 사람이 아니라 달의 도시에서 온 사람입니다. 십오야에는 돌아가야만 해요."라고 대답했습니다.

십오야가 언제인가요?

음력 8월 15일 밤. 지금으로 얘기하면 9월경 보름달이 뜨는 날이야.

그날, 카구야 공주를 만류하려고 왕은 많은 군사를 데리고 집 주위를 굳게 지킵니다. 그러나 달에서 온 사자에게는 전혀 당해낼 수 없어, 그녀는 보이지 않는 힘에 이끌리듯 집 밖으로 나가버렸습니다.

카구야 공주도 저항하지 못하고, 왕에게 쓴 편지와 불로불사의 약을 할아버지와 할머니에게 건넨 뒤 사자가 내민 천녀의 날개옷을 입었습니다. 그러자 그때까지의 기억은 일제히 사라지며, 달로 돌아가게 되었습니다.

편지를 읽은 왕은 "이제 더 이상 만날 수 없으면 죽지 않는 약따위 필요 없어!"라며, 그것을 달에 가장 가까운, 나라에서 가장 높은 산 위에서 태워버렸습니다. 불사의 약을 태운 이 산은, 훗날 후지산이라고 불리게 되었습니다.

☆카구야 공주 이야기는 우주관찰의 성과?!

★ 왜 옛날 일본인들은 달을 천체라고 생각했을까?

대나무에서 태어난 카구야 공주는 이윽고 달로 돌아갔다. 일본인이라면 누구나가 알고 있는 카구야 공주 이야기는 약 1,000년 전에 쓰여진 '겐지 이야기'에 '카구야 공주의 할아버지는 이야기에서 나오는 최초의 할아버지'라고 소개되어 있는 것에서 알 수 있듯이, 매우 오래 전부터 전해 내려오는 이야기이다. 그런데 그런 옛날에, 사람들은 어떻게 '달에 사람이 사는 도시가 있다.'고 생각했을까.

인류는 오랜 기간, 우주를 '자신들이 사는 지구 주위를 둘러싼 작은 공간' 정도로만 생각해왔다. 고대에 그려진 우주도를 봐도 태양이나 달, 별 등의 천체는 모두 대지(지구)를 둘러싼 표면에 붙어 있는 작은 존재에 지나지 않는다. 그런 우주관의 기초에서는 '카구야 공주 이야기'가 생기지 않았을 것이다.

☆ 고대 인도의 우주관

몸을 서리어 감은 거대한 뱀 위에 거북이가 타고 있고, 그 위에 네 마리의 코끼리가 반구상의 지구를 지탱하고 있다. 태양은 대지의 중심에 있는 높은 산(수미산, 히말라야를 나타낸다고 여겨진다.)의 주위를 둘러싼 채 나타났다 숨었다 하고, 달은 이 산에 있는 밤의 파수꾼이 가지고 있는 등불로 그 방향에 의해 달이 차고 이지러진다고 생각했다.

고대 인도의 우주관

☆ 고대 이집트의 우주관

천공의 여신인 누토가 대기의 신 슈에 의해 지지되어 있다. 누토는 나일강을 상징하며, 그것을 태양신인 라(Ra)가 매일 보트로 왔다갔다함으로써 낮과 밤이 생겨난다고 믿었다. 그리고 달이나 별은 누토의 신체에서 떨어진다고 생각했다.

고대 이집트의 우주관

☆ **고대 바빌로니아(메소포타미아)의 우주관**

수메르인들은 천구(天球)라고 부르는 거대한 둥그런 천정에 달이나 별이 붙어 있다고 생각해왔다. 그들은 천구는 아라랏 산이 지지하고, 그 안에서 태양이 동쪽에서 서쪽으로 이동한다고 믿었다.

고대 바빌로니아의 우주관

★ **독자적인 천문학을 진보시킨 중국**

이러한 '상상의 우주'에 대해, 과학적으로 우주의 모델을 그리고자 한 것이 고대 중국과 그리스이다.

중국은 지금으로부터 2400~2000년 전경, 관측결과를 토대로 몇 개의 우주론을 탄생시켰다. 대표적인 것이 개천설(蓋天說)과 혼천설(渾天說)이다.

개천설은 물(바다)에 둘러싸인 반구상의 지구에 덮개를 씌운 듯 돔형의 우주(하늘)가 있고, 북극을 중심으로 동쪽에서 서쪽으로 하루에 1회전한다. 태양도 천구 위에서 원을 그리고, 그 크기는 계절에 따라 변한다.

개천설

혼천설은 '하늘의 모든 것'이라는 뜻의 이름이 나타내듯이, 개천설을 발달시켜 보다 정확하게 천체의 움직임을 나타내려 했다. 천구는 돔이 아니라 계란 껍질처럼 전체를 감싸고 있고, 하늘의 북극은 바로 위가 아니라 조금 옮긴 것으로 계절에 따른 성좌의 변화 등도 설명하려고 했다.

다만 이 단계에서 지구를 구체(球體)로 생각하고 있었는지 혹은 대지가 물에 떠있다고만 생각했는지에 대해서는 몇 개의 설이 있지만 확실치 않다.

혼천설

★ 지구의 크기까지 계산한 고대 그리스

한편, 현재의 수학이나 물리학을 통해 논리적인 사고로 우주의 모습을 설명하려 했던 것이 고대 그리스인들이다. 그들의 최대 성과 중 하나는, 지구를 우주에 떠있는 구형의 천체라고 한 것이다. 헬레니즘 시대의 이집트에서 활약한 그리스의 학자, 에라토스테네스(Eratosthenes ; B.C. 275 ~B.C. 194)는 다음과 같은 방법으로 지구의 크기까지 계산했다.

☆ 에라토스테네스의 계산 방법

어느 날 에라토스테네스는 파피루스에 쓰여진 문헌에서 '이집트 남부의 시에네에서는 하지(夏至)의 정오(正午)에 막대기를 수직으로 세우면 그림자가 생기지 않는다.'는 내용을 발견했다. 즉 태양이 천정에 와있는 것으로, 이것은 북회귀선 이남에서만 보이는 현상이다.

이에 놀란 그는 이집트 북부의 알렉산드리아에서는 어떨지 바로 실험에 돌입했다. 그 결과, 막대기의 그림자는 사라지지 않았다.

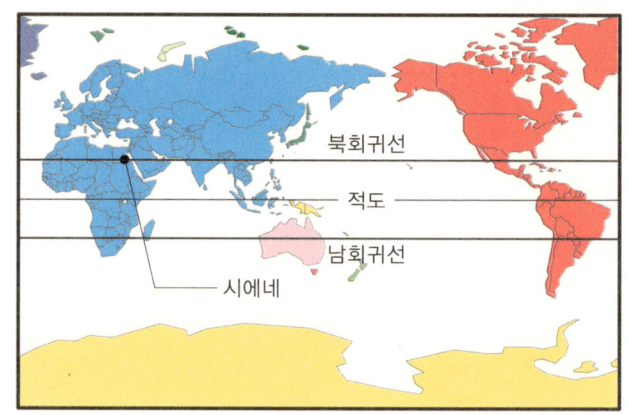

회귀선과 적도

이것으로 에라토스테네스는 당시 일부 학자들 사이에서 얘기되던 "지구는 천체가 아닐까…"라는 설을 사실이라고 확신한다. 그리고 이 사실을 바탕으로 지구의 크기를 측정했다.

먼저 막대기의 그림자 길이를 측정한다. 그러자 알렉산드리아에서는 같은 날 같은 시각, 태양의 빛은 수직에서 7.2° 떨어진 방향에서 오고 있다는 것을 알았다.

다음으로 알렉산드리아에서 시에네까지 사람을 걷게 해, 보폭으로 그 거리가 5,000스타디아(당시의 단위로, 약 925km)라는 것을 알았다. 그리고는 다음 식을 통해 지구의 전체 둘레를 알게 되었다.

$$925km \times \frac{360°}{7.2°} = 46,250km$$

지구의 둘레는 4만km이지만, 이 시대를 생각하면 에라토스테네스가 내놓은 답은 놀랄 만큼 근접한 것이었다(이 일화에 막대기가 아니라 우물의 밑바닥까지 태양빛이 들어가는 것을 보고 생각한 것이라는 이설이 있는 것 외에, 계산의 결과도 약 4만km로 거의 정확했다는 얘기도 있다).

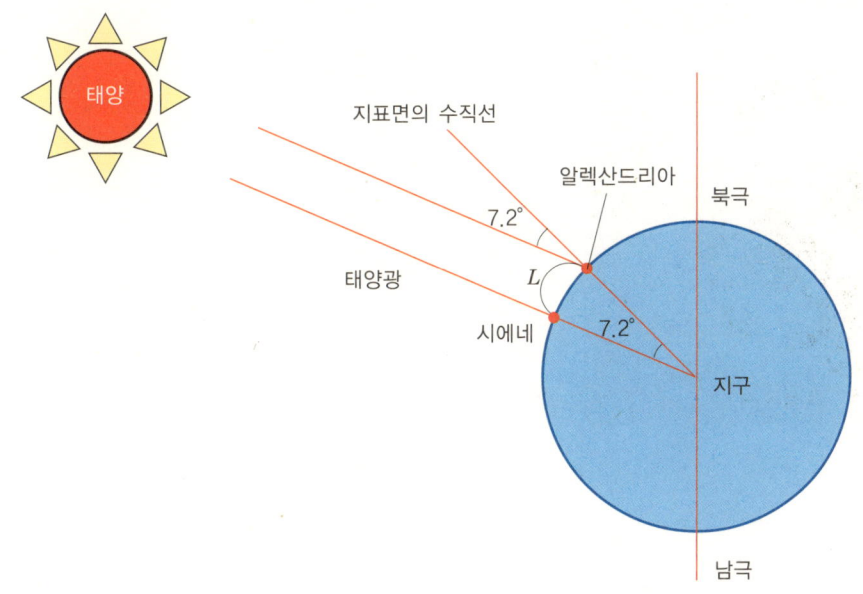

에라토스테네스의 계산 방법

★ 지구가 둥글면, 달도 둥글다

지구가 둥글다는 것을 눈치 챈 사람은 에라토스테네스 같은 학자뿐만이 아니었다. 왜냐하면 바다와 관계를 맺고 살아온 사람들에게는 수평선 너머가 보이지 않는 것이나, 다가오는 배는 반드시 돛의 끝부터 나타나는 등의 '평면에서는 생각할 수 없는 현상'은 상식이었기 때문이다.

에라토스테네스가 활약했던 고대 그리스는 지중해에 펼쳐진 해양 국가였다. 그 때문에 "지구는 둥근 것이 아닐까?"라는 생각을 많은 사람이 가지고 있었을 것이다.

또한 달이 빛을 받는 모양을 정확히 관찰하면 달도 평면이 아니라는 사실은 시력이 좋은 사람이면 쉽게 알 수

둥근 지구

있는 것이다. 예를 들어 달의 확대사진을 보면 가장자리 부분이나 차고 이지러짐의 경계는 분명하게 그라데이션이 되어 있다. 만약 쟁반과 같은 평면의 달이면 이러한 현상은 일어날 수 없다.

여기서 카구야 공주 이야기로 돌아가 보자.

일본은 바다에 둘러싸인 나라이다. 따라서 수평선의 존재는 이미 눈치챘었다. 그렇다면 "지구는 둥글다."고 생각해낸 사람이 옛날부터 있던 것은 아니었을까?

옛부터 일본인에게 사랑받은 달

그 증거로, 16세기에 일본으로 온 유럽인 선교사는 자신들의 앞선 과학 지식을 전파하려고 오다 노부나가(織田信長) 등의 다이묘에게 지구의(地球儀)를 보여주었지만, 그들의 예상과는 달리 대부분의 일본인이 놀라움을 나타내지 않았다고 한다.

그리고 일본인은 토끼 전설을 예전부터 들어왔기 때문에 옛날부터 달에 친근함을 가지고 바라봐왔다. 제사로서의 달맞이는 중국에서 전해져 온 것이었지만, 달을 사랑하는 마음 자체는 죠몬 시대(繩文時代 : 약 1만 6500년 전부터 약 3000년 전까지)부터 있었다고 알려져 있다. 당연히 달이 천구에 있다는 것도 알고 있었다.

이에 달이 지구와 똑같이 둥글고 우주에 떠있는 존재라면, '둘 다 사람이 살아도 괜찮겠지.' 라는 발상은 자연히 생겨났다. 이러한 점 때문에 카구야 공주 이야기로 연결되었다는 추리가 반드시 틀렸다고 볼 수 없는 것이다.

제1장
지구는 우주의 중심일까?

* '키타로'는 일본 애니메이션 〈묘지의 키타로〉에 나오는 유령족 최후의 생존자인 주인공의 이름이다. 이 작품은 2008년까지 5번째의 TV애니메이션 시리즈가 방영 됐을 정도로 국민적인 인기를 누렸다.

제1장 지구는 우주의 중심일까? 39

제1장 지구는 우주의 중심일까?

제1장 지구는 우주의 중심일까? 43

★1-2 태양은 지구 주위를 돌고 있다?

제1장 지구는 우주의 중심일까? 47

제1장 지구는 우주의 중심일까? 49

★1-3 2300년 전에도 있었던 지동설

기원전 3세기, 아리스토텔레스보다 조금 늦은 시대에 태어난 아리스타르코스라는 학자는 처음에는 천동설에 따라 우주의 모습을 설명하려고 했어요.

그러나 관측을 계속하는 동안 한 가지 의문을 가지게 되었죠.

아리스타르코스(Aristarchos)
B.C. 310?~B.C. 230?
고대 그리스 천문학자·수학자

그는 달이 차고 이지러지는 것은 태양으로부터 오는 빛의 각도에 따라 일어난다는 사실을 알아챈 거예요.

어떻게 된 거지?

이런 거지.

예를 들어 반달일 때는 태양이 정확히 옆면을 비추고 있죠.

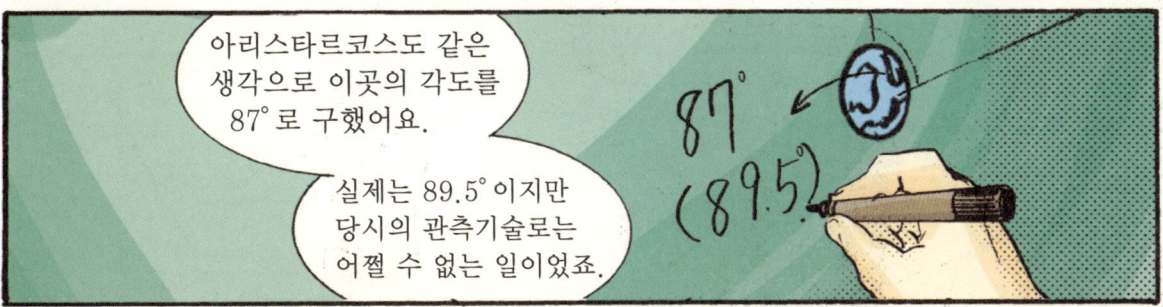

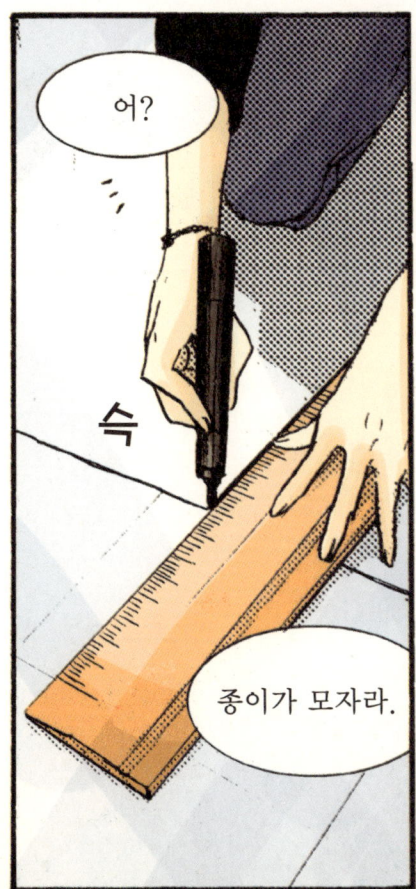

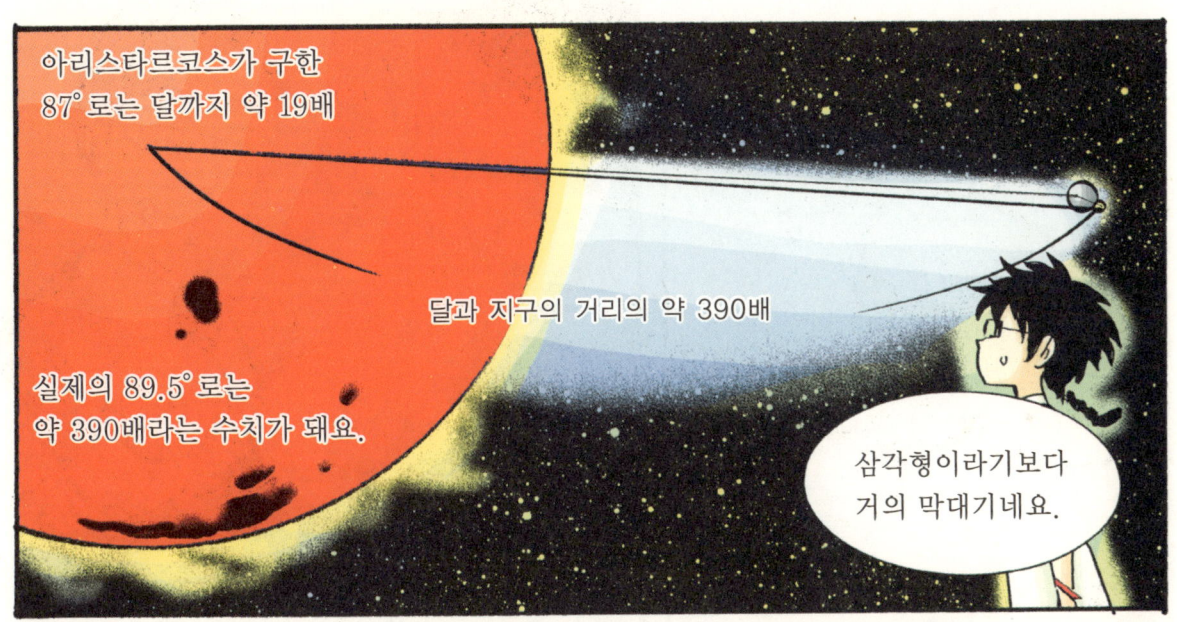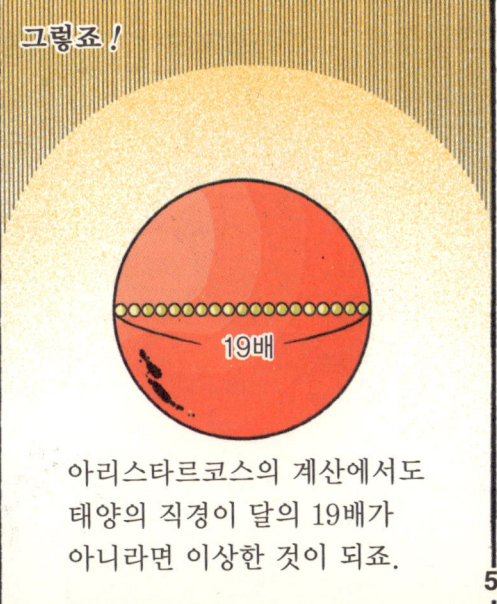

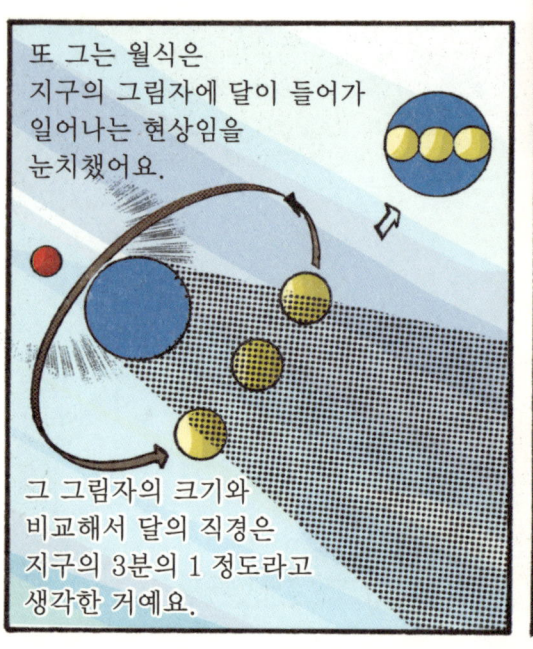

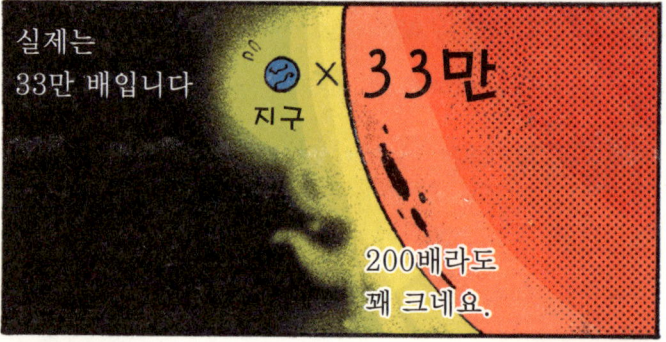

★1-4 천동설에서 지동설로

에- 행성은 그리스어로 '떠돌이 별'이라고 불린 것이 어원이 되었듯 그 이상한 움직임은 긴 기간 동안 수수께끼였어. 다른 별들, 즉 항성이 천구상에서 같은 위치관계를 지키면서 회전운동을 하고 있는데 반해 행성은 이리저리 있는 장소를 바꿨기 때문이야.

옛날에 플라네타륨으로 그런 설명을 들었어.

플라네타륨(Planetarium)이라는 이름도 행성의 플래네트(Planet)에서 온 것으로, 행성의 복잡한 움직임을 재현하기 위해 개발됐다고 해.

너 꽤 여러 가지를 알고 있구나.

영어로 배웠거든.

토익, 몇 점?

재미없는 점수 따위 넣지 마.

그런데 아까 교수님이 그리신 최초의 천동설 모델에서는, 이러한 행성의 움직임은 설명할 수 없었어. 태양이나 달과 같은 움직임을 하지 않으면 이상하기 때문이지.

그럼, 그 단계에서 천동설을 명확하게 했더라면 좋았을 텐데.

그렇게는 안 돼. 여기에서 등장한 것이, 아까 잠시 말이 나왔던 프톨레마이오스 클라우디오스야.

누구? 언제 사람이야?

에, 그러니까…

태어난 때는 잘 모르지만, 2세기 경, 고대 로마 시대의 그리스에서 활약한 천문·지리학자로, 그가 남긴 세계지도는 중세까지 사용될 정도였어요.
그런 인물인만큼, 천동설로도 행성의 움직임을 설명할 수 있는 방법을 생각해낸 거예요.

프톨레마이오스 클라우디오스
(Ptolemaios Claudios)
A.D. 90?~A.D. 168?
고대 로마 시대의 그리스에서 활약한 천문·지리학자. 「지리학」이라는 책 속에서 그린 '세계지도'는 세계에서 처음으로 경도·위도를 이용했고, 또 '북쪽이 위'라는 현대에서 통하는 표기법을 확립했다.

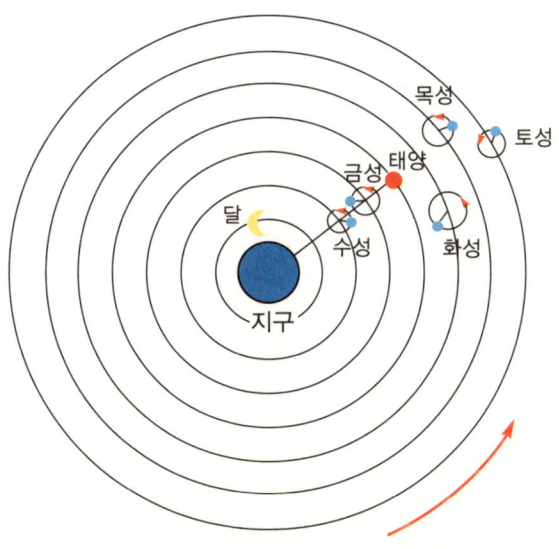

프톨레마이오스가 생각한 천동설 모델

 그래, 그래. 앞 페이지 아래(프톨레마이오스가 생각한 천동설 모델)에 표시된 것이 그거야.

 프톨레마이오스의 천동설에서 지구의 주변을 달이나 태양, 그 외의 행성이 둘러싸고 있는 점은 고대 그리스인이 생각한 천동설과 다름없어. 그러나 고대 그리스의 천동설은 역행하는 행성의 움직임을 설명할 수 없는 반면에 프톨레마이오스의 천동설에서는 태양과 달을 제외한 여러 가지 행성이 궤도상의 점을 중심으로 공전하고 있고 역행하는 행성의 움직임을 설명하고 있어.

 과연, 잘 생각했구나~

 수성과 금성은 왜 태양과 직선상으로 배열되어 있는 거지?

 수성과 금성이 항상 태양 근처에서 보이는 것을 설명하기 위해서야.

 과연, 태양과 함께 지구의 주변을 돌고 있기 때문에 항상 태양 근처에서 보이는 거구나.

 저기…

 왜?

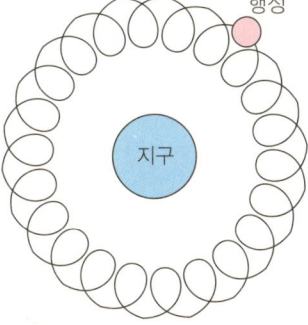

왠지 이 그림, 무리해서 만든 것 같지 않아?

천동설에서 행성의 움직임

확실히, 명쾌하진 않아. 이 그림을 보면 행성은 소용돌이치는 듯한 공전을 하고 있어.

최초의 천동설 그림과 비교하면, 왠지 어른의 입장에서 수정을 더한 느낌이야.

맞아 맞아. 우리는 좀 납득할 수 없다고 할까-

그런가. 나는 잘 만들어졌다고 생각하는데…

행성은 차치하고, 코페르니쿠스의 지동설 모델과 비교해볼까요?

네. 프톨레마이오스의 그림은 약 1400년에 걸쳐 믿어져 온 것이지만, 이것에 이견을 제시한 것이 코페르니쿠스야. 그는 1543년에 쓴 「천구의 회전에 관하여」라는 책 속에서 지동설을 기초로 한 행성의 궤도에 대한 계산을 보여주고 있어. 자세한 내용은 p.80의 설명을 읽어줘.

명쾌하군!

심플하네요.

개인적으로는, 천동설에서 행성의 움직임을 설명하려고 한 프톨레마이오스의 발상도 천재적이라고 생각하는데…

오빠, 왜 그렇게 천동설 편을 들어? 이걸 보면 어떻게 생각해도 지동설 쪽이 맞잖아!

에? 좀 전이랑 입장이 바뀌었잖아?

사람은 유행에 민감하지 않으면 안 되잖아.

너 같은 사람 천지라면, 갈릴레이도 종교재판을 받지 않았을지도 모르겠네.

갈릴레오 갈릴레이(Galileo Galilei)
1564~1642
이탈리아의 물리학자, 천문학자, 철학자

하하하, 그래도 지동설이 옳다고 하는 게 절대적인 진실이라는 의미가 아니라, 비교의 문제라고 말하는 편이 합당해요. 천동설도 관측되는 행성의 움직임을 설명할 수 있다고 하는 점에서는 옳다고 말할 수 있어요.

 천동설도 옳다고요? 정말- 어느 쪽이 옳다는 거야-!

 여러분은 '오컴의 면도칼(Ockham's razor)'이라는 말을 알고 있나요?

 "같은 사항을 설명할 수 있는 논리가 존재하는 경우, 그 중에서 보다 간단한 것을 옳다고 생각한다."는 거죠?

 맞아요. 그 생각을 이 천동설과 지동설에 적용해서 생각해보면 "행성의 움직임을 설명하는 데는 천동설보다 지동설 쪽이 간단한 설정으로 해결되기 때문에 옳다."는 거예요.
이 점 때문에 지동설이 옳다고 말하는 것뿐이죠.

 확실히 코페르니쿠스의 그림 쪽이 간단하구나…

 "Simple is the best."네요!

★1-5 우주의 거리감

갈릴레이의 발견 1:
목성에서 4개의 위성을 발견하다.

지구 이외의 행성에도 위성이 있는 것이 발견되자, '달을 가진 지구만이 특별'하다는 생각에 근거한 천동설의 뿌리가 흔들린다.

갈릴레이의 발견 2:
금성의 (겉보기의) 크기가 변한다.

육안으로는 알아채기 어렵지만, 망원경으로 관측하자 금성의 크기가 바뀌는 것을 발견했다. 이는 천동설의 '지구와 금성의 거리는 일정(나선상 궤도라고 해도, 대략 일정)하다.'는 사실과 완전히 모순된다.

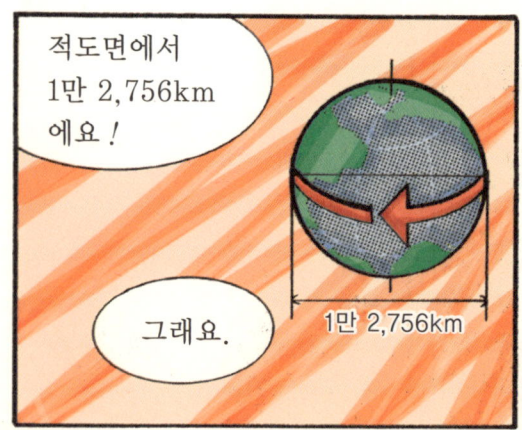

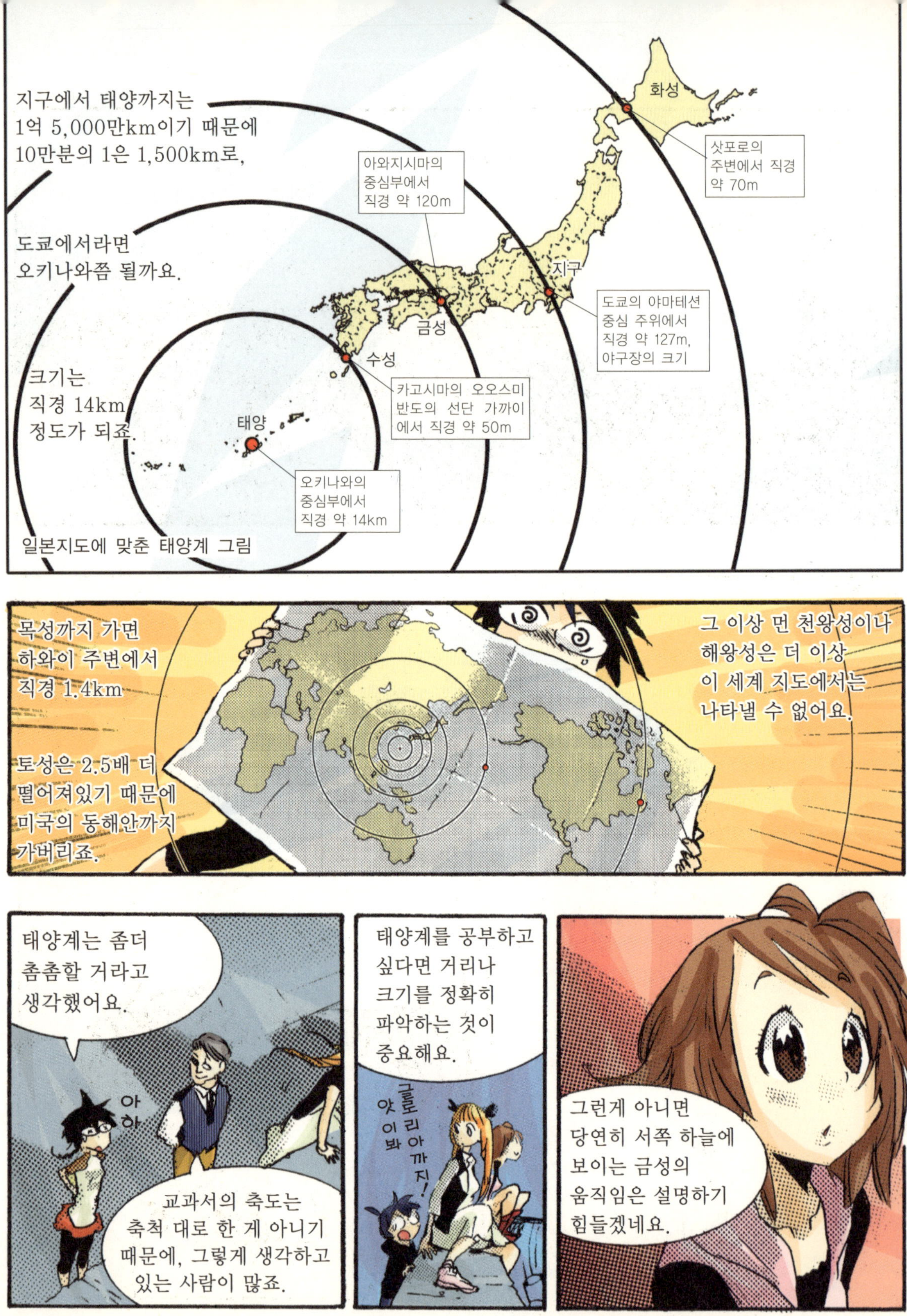

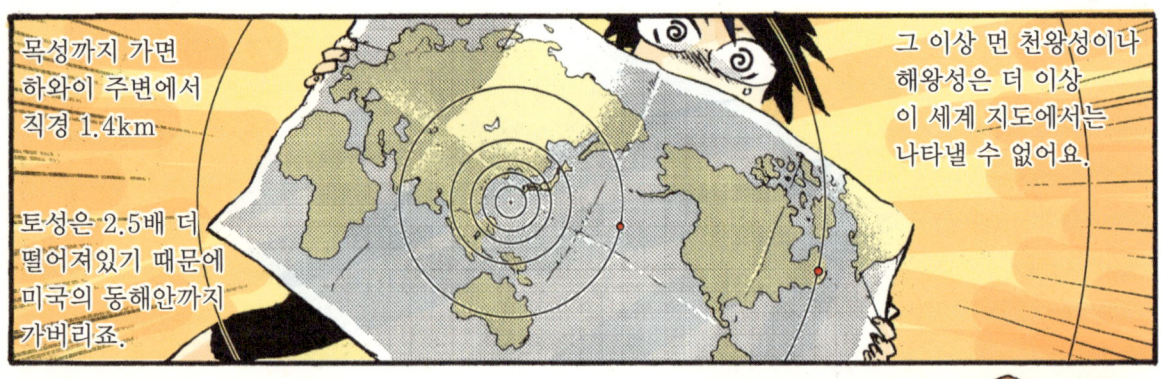

 **수평선까지의 거리는 어느 정도?**

만약 지구가 평면이라면, 공기가 맑을 때 무한한 곳까지 볼 수 있다. 이 점은 그림을 그려보면 명확하다.

따라서 수평선이 있다는 것은 지구가 둥글다는 증거이다.

그렇다면, 수평선까지의 거리는 어느 정도일까?

지구의 반경을 r, 시점까지의 높이(눈높이)를 h라고 하면, 그 거리 L과의 관계는 피타고라스의 정리에 의해 다음과 같이 된다.

$$(r+h)^2 = r^2 + L^2$$

이므로

$$L = \sqrt{(r+h)^2 - r^2}$$
$$= \sqrt{2rh + h^2}$$

지구의 반경 r은 약 6,400km이기 때문에, h를 보통 사람의 눈높이인 1.5m(0.0015km)로 하면 L은 약 4.4km. 즉, 스나하마(砂浜)에서 바다를 바라보면 우리는 4km 조금 전까지만 볼 수 있다. 즉 고도 약 1만m(10km)를 나는 제트기에서 본 경우라도 360km이다. 기껏해야 도쿄에서 교토 정도로 거기까지 올라가도 '해외(海外)'가 보일 리는 없다.

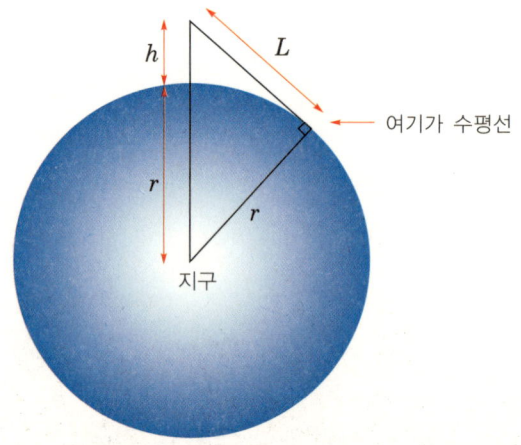

수평선까지의 거리

 '우주'의 크기를 측정하는 방법(1)

달까지의 거리는 어느 정도?

● 밀리미터 단위로 정확하게 측정되고 있는 달까지의 거리

달은 현재 1년마다 약 3.8cm씩 지구에서 멀어지고 있다. 평균 거리가 약 38만 5,000km이기 때문에 "약 1억 년에 1%씩 거리가 늘어난다."는 정도의 이야기이지만, 그렇다 해도 천체까지의 거리를 밀리미터 단위로 측정할 수 있다는 것은 대단한 일이다.

이 정도의 측정이 가능하게 된 것은, 1969년 이래로 쏘아올린 아폴로 우주선 덕택이다. 아폴로 11호, 14호, 15호는 지구에서 방사한 레이저 빛이 반사되도록 달의 표면에 '거울'을 놓고 왔다. 이 거울은 보통 거울과는 달리 빛이 어느 방향에서 들어와도 정확히 그 방향으로 반사하도록 표면이 고안되어 있는 코너 큐브 미러이다.

이것으로 거울에 맞은 빛이 돌아오기까지의 시간을 조사하면서 정확한 거리 측정이 가능해졌다. 즉, 빛의 속도는 초속 29만 9,793km로 항상 일정하기 때문에 거리를 측정하는 '척도'로서는 가장 적합하다.

달 표면에 놓인 거리 측정용 거울

● 코너 큐브 미러의 구조

알기 쉽게 2차원 모델로 설명하면 오른쪽 그림(코너 큐브 미러(2차원))과 같이 2장의 거울을 직각으로 짜맞춘 듯한 구조로 되어 있어, 이 때문에 빛이 거울에 들어오면 입사각과 같은 각도로 나온다. 3차원도 구조는 같다.

코너 큐브 미러(corner cube mirror) 자체는 희귀하지 않다. 달에 두고 온 것 이외에도 자전거나 도로 표지의 반사판 등에 쓰여지고 있을 정도이다.

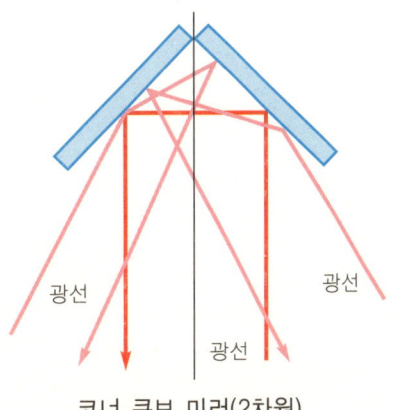

코너 큐브 미러(2차원)

아폴로 우주선이 달에 가지고 간 것은 같은 구조를 프리즘으로 만든 것으로, 정확하게는 코너 큐브 프리즘이다.

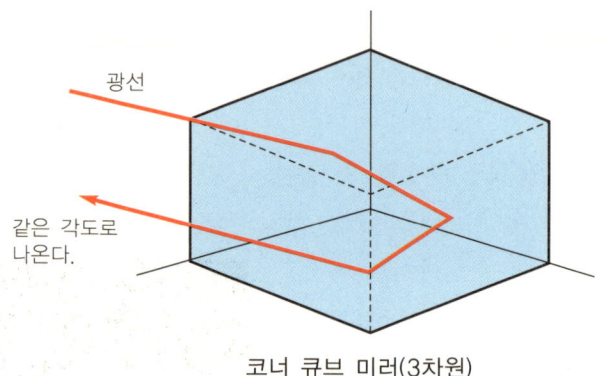

광선

같은 각도로 나온다.

코너 큐브 미러(3차원)

● **아폴로 전에는 2000년 전과 같은 방법밖에 없었다**

그렇다면 아폴로 우주선이 도달하기 전에는 달까지의 거리를 어떻게 조사했던 것일까? 실제로 갈 수 없는 장소까지의 거리를 측정하는 방법으로 가장 일반적인 것은 삼각 측량이다. 정확하게 길이를 알고 있는 선 AB(기선)의 양끝에서 '측정하고 싶은 것'을 관측해 그 시선의 각도에서 삼각함수를 사용해 거리를 구하는 기술로, 기원전 3000년경의 고대 이집트에서는 이미 확립되어 있었다. 그리고 지금부터 2500~2000년 전, 그리스를 중심으로 과학이 현저하게 진보한 시대에 지리학이나 천문학의 분야에서도 활발하게 응용되어 왔다. 그 중 유명한 에피소드는 p.30에서 소개한 에라토스테네스(Eratosthenes : B.C. 275 ~B.C. 194)가 지구의 크기를 측정한 일이다.

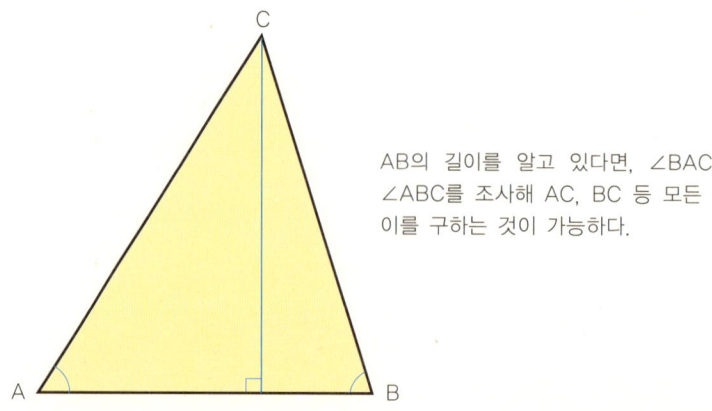

AB의 길이를 알고 있다면, ∠BAC와 ∠ABC를 조사해 AC, BC 등 모든 길이를 구하는 것이 가능하다.

또, 달까지의 거리를 측정한 사람은 에라토스테네스의 다음 세대인 그리스의 천문학자 히파르코스(Hipparchos ; B.C. 190?~B.C. 120)이다. 그러나 아쉽게도 그가 어떤 방법을 썼는지는 전해지지 않는다. 기본적으로는 거리를 알고 있는 두 점으로 동시에 달이 보이는 각도를 측정한 것이겠지만, 시계가 없는 시대에 어떻게 해서 '동시(同時)'를 아는 것인지에 대해서는 일식이나 월식을 이용했을 것이라는 말이 전해지고 있다.

그 결과, "달과의 거리는 지구의 반경의 59~72.3배"로 결론지은 듯하다. 실제로는 약 60배이기 때문에, 나름대로 정확도는 높았던 것 같다.

그리고 아폴로가 달 표면에 레이저 반사용 거울을 두고 올 때까지, 달까지의 거리를 측정하는 방법은 고대 그리스와 기본적으로 다르지 않았다. 가장 알기 쉬운 것은, "같은 시각에 달 표면상의 중심점이 천정에서 보이는 장소 A와 수평(수평선이나 지평선과 겹치는 곳)으로 보이는 장소 B를 찾는다"는 것이다. A, B점이 같은 경도이면 그대로 위도의 차가 ∠BOC가 된다. 그리고는 지구의 반경 BO를 이용해, BO×tan(위도의 차)로 달까지의 거리 BC가 구해진다. 단, O는 지구의 중심이다.

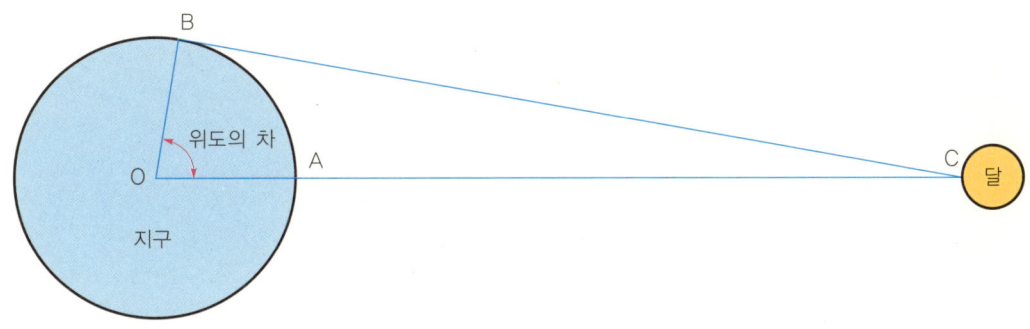

지구에서 달까지의 거리를 측정하는 방법

☆ '천동설 vs. 지동설' 배틀 로얄의 행방

★ 어느 쪽이 이길까, 전쟁은 시작됐다!

'눈'으로 관찰한 것이 모두 진실이라고 할 수 없다는 것을, 우리는 많은 경험을 통해 알고 있다. 가장 좋은 예가 거울이다. 거울을 들여다보면 자신과 꼭 닮은 사람이 보이지만, "지금 저, 저, 저기에, 내가 있어!"라며 크게 놀랄 사람은 없다.

뭐 거울의 경우, 속을 뒤집어 보면 거기에 다른 세상이 없다는 것쯤은 금세 알게 되기 때문에, '빛의 반사'라는 물리 현상을 생각하지 않고도 자신의 모습만을 비추고 있다는 것을 납득할 수 있다. 하지만 관찰하는 대상이 우주가 되면 사람들은 좀처럼 '보이는 것'의 생각에서 도망갈 수 없다. 그리고 그것이 진실이라고 굳게 믿어버린다.

확실히 태양도 달도 밤하늘에 빛나는 많은 별도, 지구를 중심으로 돌고 있는 것처럼 보인다. 그렇기 때문에 우주 모델이 천동설에서 시작된 것은 당연한 일일 것이다.

만약 지구가 움직이고 있다면, '우리는 대지 위에 서 있을 수 없지 않을까? 떨어져서 우주의 어딘가를 날고 있게 되어 버리지 않을까?' 등 물리학이 발달하기 전, 이런 의문에 답하는 것은 분명히 간단한 게 아니었다. 고대 그리스를 제외하면 지동설의 가능성을 제대로 생각한 사람이 계속 없었기 때문에, 코페르니쿠스(Nicolaus Copernicus ; 1473~1543)가 등장하기까지는 천동설파의 독무대였다고 할 수 있다.

★ 천동설에서 행성은 어떤 궤도를 그리고 있는 걸까?

천동설이 오랜 시간에 걸쳐 우주 모델의 주류였던 것은, 천체 관측에서 천동설과 반하는 사실이 발견될 때마다 어떻게든 모순되지 않게 보이는 억지 이론을 생각해냈기 때문이다. 보이는 위치나 밝기가 미묘하게 변하는 행성의 움직임을 설명한 프톨레마이오스의 우주도는, 그 대표적인 예이다.

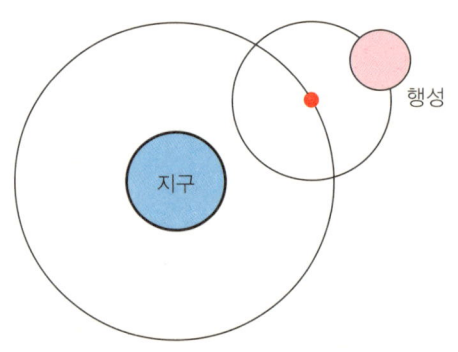

천동설에 의한 행성의 운동(1)

오른쪽 그림(천동설에 의한 행성의 운동(1))만 보면, 진실한 것이 아닐까 하는 생각이 들어 설득력이 있다.

그러나 이 그림을 토대로 행성의 움직임을 전개해 가면, p.81 오른쪽 위의 그림(천동설에 의한 행성의 운동(2))과 같이, 완전히 늘여진 용수철 같은 궤도를 그리는 것을 알 수 있다. 달은 원 궤도인 것에 비해, 왜 행성만이 우주공간을 빙글빙글 돌면서 이동하지 않으면 안 되는 걸까? 지금 생각하면, 일부러 설명을 까다롭게 하고 있다고밖에 생각할 수 없다.

　어쨌든 당시의 사람은 그 정도로 천동설을 관철하고 싶어했던 것 같다. 그래서 차례로 관측결과가 밝혀졌어도, 그렇게 간단히 지동설에는 도달하지 않았다.

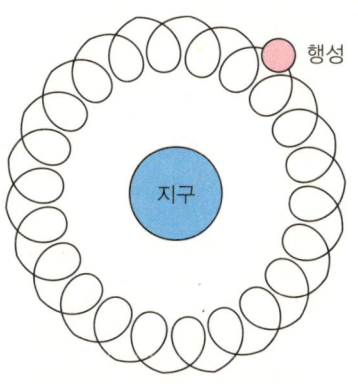

천동설에 의한 행성의 운동(2)

★ 천동설의 끝을 장식한 브라헤의 그림

　천동설파의 최후의 노력이라고도 말할 수 있는 것이, 티코 브라헤(Tycho Brahe ; 1546~1601)의 천문도이다.

　덴마크의 천문학자로 갈릴레이(1564~1642)의 조금 윗 세대인 브라헤는, 천동설과 지동설의 중간이라고 할 수 있는 우주 모델을 생각했다. 상반부를 보면 이미 대부분 지동설이지만, 작도의 마술로 지구를 중심으로 그렸는데 '어떻게든 지구만은 움직이게 하고 싶지 않아!' 라는 강한 신념이 느껴져, 이건 이거대로 꽤 재미있는 천문도로 완성되었다.

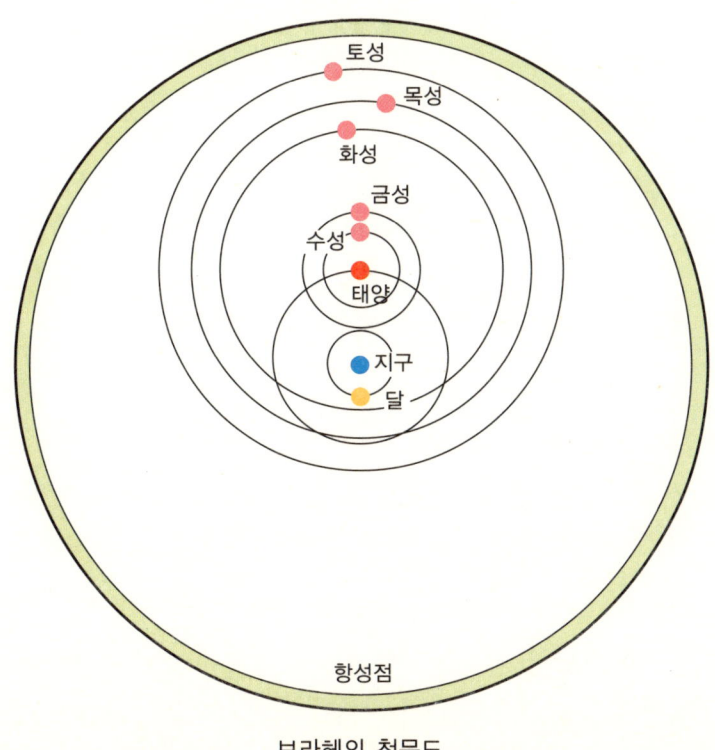

브라헤의 천문도

제1장 지구는 우주의 중심일까?

★ 코페르니쿠스는 얼마나 진보적이었던 걸까?

지동설이 결코 처음부터 유리하게 전쟁을 진행해온 것은 아니다.

첫머리에서 소개한 코페르니쿠스는 결과적으로 우주론에 혁명을 가져왔기 때문에, '코페르니쿠스적 회전=세상사의 관점이 180° 바뀌어버린 듯한 것'이라는 말까지 나왔다. 그러나 그가 얼마나 진보적인 학자였는지에 대해서는 의문이 남는다.

그가 지동설을 주장한 것은 말년에 출판한 저서「천구의 회전에 관하여」에서였다. 그러나 이 책은 코페르니쿠스의 임종 직전에 출판되었고, 그의 친구가 "지동설은 하나의 가설에 지나지 않는다."는 서문을 붙여 간행해 책망받을 것이 없었다. 또한 당시 그의 지동설은 아직 불완전하여 애당초 논의의 대상이 되지 못했다는 이야기도 있다.

예를 들어 코페르니쿠스는 행성 등의 궤도는 모두 완전한 '원'이라고 믿고 있었다. 실제 정확하게는 타원이지만(다른 행성의 영향 등을 받기 때문), 그것을 인정하지 않았기 때문에 혜성의 움직임 등은 완전히 설명하지 못했다. 덧붙여 말하면, 수정에 수정을 거듭해온 천동설 말기의 우주 모델은 "혜성 이외에 관측할 수 있는 천체의 움직임은 모두 설명할 수 있다."는 수준에까지 이르렀기 때문에, 코페르니쿠스의 지동설로 그것을 완전히 뒤엎는 것은 불가능했던 것이다.

또한 코페르니쿠스의 우주 모델은 천동설의 '지구'에 태양을 가져온 것뿐이어서, 정확하게는 지동설이 아니라 태양중심설이라고 주장하는 학자가 최근에 많아졌다.

★ 지동설을 완성시킨 사람은 케플러

불완전했던 지동설을 우주 모델의 주류가 되게 한, 진짜 의미의 '코페르니쿠스적 전환'을 초래한 사람은 독일의 천문학자, 케플러(Johannes Kepler ; 1571~1630)이다. 그는 행성의 운동을 비뚤어진 원 혹은 타원으로 정의해, 최종적으로 다음과 같은 3개의 법칙을 확립했다(케플러 법칙). 이것에 의해 지동설은 처음으로 천동설보다도 합리적이고 정확하며, 무엇보다 '명쾌하게 알기 쉬운' 것이 되었다.

제1법칙 : 행성은 태양을 하나의 초점으로 타원 궤도를 그리며 공전한다.
제2법칙 : 행성과 태양을 연결하는 동경(動徑)은 같은 시간에 같은 넓이를 휩쓸며 지난다.
제3법칙 : 행성의 공전주기의 제곱은 공전 궤도의 장반경(태양으로부터의 평균거리)의 세제곱에 비례한다.

케플러가 어떻게 행성의 복잡한 운동을 간단한 법칙으로 정리할 수 있었는지에 대해서는, 그가 그전에 등장한 브라헤의 조수로 스승이 남긴 장대한 관측 데이터를 이용할 수 있었기 때문이라는 설이 있다. 브라헤는 매우 성실한 사람이었고, 그 관찰 기록은 "망원경이 발명되기 이전의 것으로는 가장 정확하고 정밀도가 높다."고 일컬어질 정도이기 때문이다. 소위 갈릴레이식이라고 불리는 굴절망원경이 발명된 것은 확실히 그가 죽은 직후로, 이 순서가 달랐다면 브라헤는 지동설의 선구자 중 한 사람이 되었을지도 모른다(케플러 법칙은 p.85에서 좀더 상세하게 설명해두었습니다).

★ 그래서, 갈릴레이는 무엇을 한 것일까?

일반적으로 지동설이라고 하면 케플러보다 유명한 것은 갈릴레이이다.

잡담이지만, 풀 네임으로 갈릴레오 갈릴레이(Galileo Galilei)라는 것은 성이 갈릴레이니까 원래는 '갈릴레이'라고 써야 하지만 해외에서는 '갈릴레오' 쪽이 더 쉽게 통하는 것 같다. 그런데 어떻게 성과 이름이 이렇게 비슷한 걸까?

그가 태어난 이탈리아의 토스카나 지방에서는 장남의 이름은 성을 단수화시킨 것으로 짓는 경우가 있었던 것 같다. 이름에 단수·복수라고 말하기도 곤란하지만, 요컨대 '사토(佐藤) 씨들을 대표하는 사토 씨'라는 경우이다. 그래서 이탈리아의 토스카나 지방 쪽 사람들에게 있어서 '갈릴레오 = 갈릴레이 가의 장남'이 되어, 오히려 알기 쉬웠을지도 모른다.

아무튼 그 갈릴레이는 종교재판에서 지동설파의 대표로 취급받았지만, 그도 코페르니쿠스와 같이 행성의 궤도는 원이라고 생각하는 등 실수도 많았다. 무엇보다 케플러 법칙이 발표된 후에도(두 사람은 거의 같은 세대), "행성이 타원 운동을 할 리가 없다."고 주장했다. 아마, 이런 자기주장이 강한 점이 교회 측과 대립의 원인이 되었을 것이다.

하지만 의학·수학·천문학·물리학 등 다양한 학문 분야를 연구해 천체 관측용 망원경까지 만들어 버린 갈릴레이가 천재였다는 것은 틀림없다. 특히 "실험결과를 수학적으로 분석해 이론을 구성해간다."는 오늘의 과학 방법론을 확립한 점은, 확실히 과학의 아버지라고 불리기에 걸맞는 위업이다.

★ 지동설이 가르쳐 준 것

천동설과 지동설의 논쟁은 케플러의 제3법칙이 발표된 1619년(제1과 제2는 1609년)에 결말이 난 것이 과학계의 정설이지만, 현실에서는 지금도 인류의 대부분이 지동설을 가르치는 진짜 의미를 이해하지 못하고 있다. 그 좋은 예가 SF소설이나 영화에 빈번하게 등장하는 타임 머신이다.

타임 머신을 현실에서 만들 수 있을지는 별개로 해도, 스토리상으로 이 기계에 탄 사람은 시간을 거슬러 여행을 해도 위치는 이동하지 않는다. 다른 시대의 같은 장소에 나타나는 것이 약속이다.

그런데 우주공간에 시대를 뛰어넘는 '같은 장소'가 존재할까?

지구는 자전하면서 태양의 주위를 공전하고 있다. 게다가 다음 장에서 설명하는 태양계도 은하계 속에서 회전 운동을 하고 있고, 은하계도 한 장소에 있을 리가 없다. 즉 우주의 어느 단위로 봐도, 멈춰 있는 곳은 없다.

따라서 우주공간에서 특정한 장소를 나타내는 것은 불가능하다. 모두 움직이고 있기 때문에 기준점을 세울 수 없어, 수초 후의 지구의 위치조차 특정하는 것이 불가능하기 때문이다.

그렇게 생각하면 지동설은 "우주는 항상 움직이고 변화하고 있다."는 현대의 우주론에 연결된 이론의 출발점이라고도 말할 수 있기 때문에, 이것이야말로 코페르니쿠스적 전환이었다. 코페르니쿠스가 주장한 것이 태양중심설이고, 진짜 지동설이 아니었다고 하는 것은 어디까지나 피상적인 이야기이다.

그리고 그렇다 하더라도, 코페르니쿠스의 지동설의 '지구든 태양이든 우주의 중심이 아니며, 생물의 끊임없는 변천으로 모두 변화하고 있다.'는 내용은 과학을 뛰어넘는 철학적인 가르침을 느끼게 한다.

'케플러 법칙'의 좀 어려운 설명

케플러 법칙이 의미하는 점을 설명한다.

제1법칙 : 행성은 태양을 하나의 초점으로 하여 타원 궤도를 그리며 움직인다.

이 법칙으로 케플러는 행성의 궤도가 원이 아니라 타원이라는 것을 명확히 나타내고 있다. 게다가 태양의 위치는 타원의 중심이 아니라, 두 개의 초점 중 하나라는 것을 밝혔다. 극단적인 모양으로 그림을 그리면 이런 관계이다.

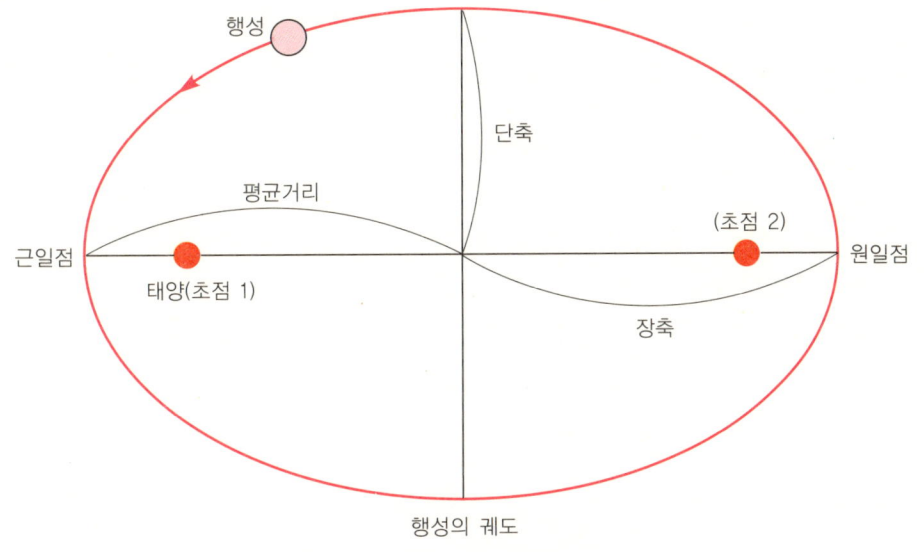

케플러의 제1법칙에 의한 행성의 궤도

실제 지구의 공전 궤도는 진원(眞圓)에 꽤 가깝지만, 그것에 비해 화성의 궤도는 좀더 타원이었다. 이 때문에 "행성은 모든 원 궤도로 움직인다."고 생각해 온 코페르니쿠스의 설로는, 화성의 관측결과를 정확히 설명하는 것이 불가능했다. 그렇기 때문에 케플러가 이 법칙을 최초로 가져온 의미가 있는 것이다.

또한, '타원의 정도'를 표시하는 것이 이심률(離心率)이다. p.85의 그림(케플러의 제1법칙에 의한 행성의 궤도)에서 말하면,

$$이심률 = \frac{초점 \ 간의 \ 거리}{장경}$$

※ 장경이란 타원의 지름 속에서 가장 긴 것으로, p.85의 그림(케플러의 제1법칙에 의한 행성의 궤도)에 서 나온 근일점과 원일점을 잇는 선이다.

가 된다.

진원의 경우 초점은 하나(즉 원의 중심)이고, 이심률은 0이 된다. 태양계의 행성의 궤도 이심률은 다음과 같다.

행성	수성	금성	지구	화성	목성	토성	천왕성	해왕성
이심률	0.2056	0.0068	0.0167	0.0934	0.0485	0.0555	0.0463	0.0090

태양계 행성의 이심률

사족이지만, 수학에서 이심률이 반드시 '타원의 정도'를 나타내는 것만은 아니다. 진원 또는 타원이 되는 것은 어디까지나 이심률(e로 표시한다.)이지만 '0 이상, 1 미만'일 때뿐, 그 이외의 값일 때에는 포물선이나 쌍곡선이 된다.

이심률(e) = 0 ·················· 진원
0 < 이심률(e) < 1 ············· 타원
이심률(e) = 1 ·················· 포물선
1 < 이심률(e) ················· 쌍곡선

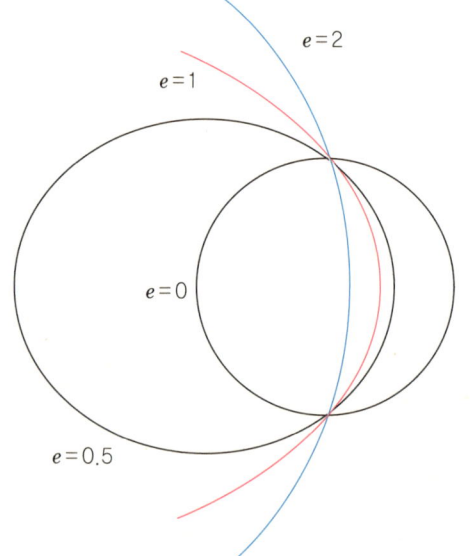

제2법칙 : 행성과 태양을 연결하는 동경(動徑)은 같은 시간에 같은 넓이를 휩쓸며 지난다.

이 법칙의 의미를 간단하게 설명하면 타원 궤도로 움직이는 행성의 경우, 태양에 가까운 곳에서는 속도가 빨라지고 태양에서 먼 곳에서는 속도가 느려진다는 것이다.

이것을 그림으로 나타내면, ▨ 으로 표시한 부분의 면적은 모두 같게 된다.

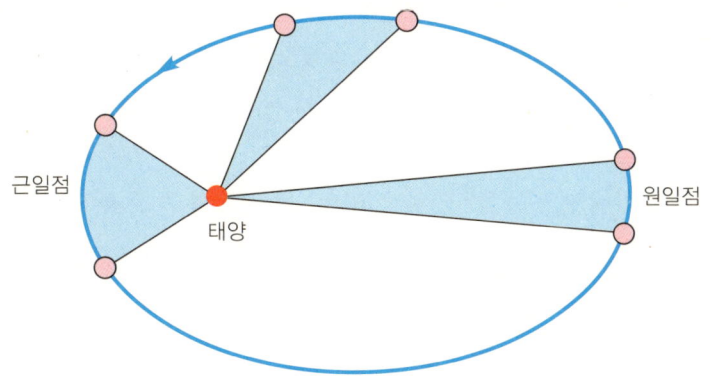

케플러의 제2법칙에 따른 행성의 궤도(1)

이것은 뉴턴 역학에서 각운동량 보존의 법칙과 같이 수학적으로 증명하는 것은 좀 어렵지만, 감각적으로는 피겨 스케이트의 회전과 닮아 있다. 양손을 넓혀 돌기 시작한 스케이터가 팔을 움츠리면 회전이 빨라진다는 것과 같다.

혹은 끈에 저울추를 붙여 빙빙 도는 경우를 생각해도 좋다. 이때 끈이 길어지면 당연히 도는 면적이 커져, 저울추의 속도는 느려지게 된다.

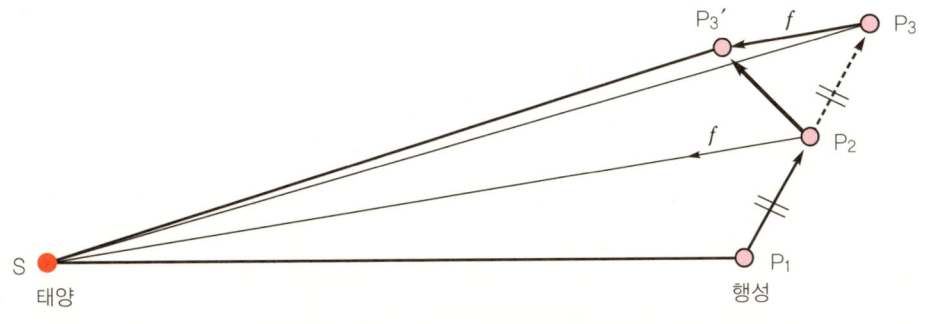

케플러의 제2법칙에 의한 행성의 궤도(2)

제1장 지구는 우주의 중심일까?

개념적으로는, 다음과 같은 내용이 알기 쉬울 것이다.

물체에 바깥에서의 힘이 작용하지 않을 때, 운동량 보존의 법칙에 의해 등속 직선 운동을 계속한다. p.87의 아래 그림(케플러의 제2법칙에 의한 행성의 궤도(2))에서 말하면, $P_1 \rightarrow P_2 \rightarrow P_3$이고, P_1과 P_2, P_2와 P_3의 길이는 같다.

그러나 행성은 S점에 있는 태양의 인력의 영향을 받기 때문에 직선 운동이 되지 않는다. 실제로는 연속적으로 행성을 태양 쪽으로 잡아당겨 원 운동이 되는 것이지만, 여기에서는 알기 쉽게 하기 위해서, P_2에서 P_3로 이동할 때에 연속적으로 움직여 행성을 태양 쪽으로 끌어당겨 오도록 하자. 그러면 인력 f만큼만 왼쪽으로 휘어져 P_3의 위치에 오게 된다(인력 f와 등속 직선 운동을 계속하려는 힘의 합성). 운동량은 변하지 않기 때문에 P_2P_3와 $P_2P'_3$의 길이는 같다.

그런데 이때 생기는 삼각형인 $\triangle SP_1P_2$와 $\triangle SP_2P_3$를 비교하면 등속 직선 운동에 의해,

$$P_1P_2 = P_2P_3$$

가 된다.

그러니까 저변의 길이가 같고 높이가 같은 삼각형이 되어, 면적이 같다.

다음으로 $\triangle SP_2P_3$와 $\triangle SP_2P'_3$는 저변 SP_2를 공유하고, 높이도 같기 때문에(f는 P_2의 인력 때문에 힘의 합성에서 사용하는 화살표도 SP_2에 평행이 된다.) 면적이 같다. 즉,

$$\triangle SP_2P_3 = \triangle SP_2P'_3$$

가 된다.

이 관계는 태양과 행성이 어느 위치에 있어도 성립하기 때문에, 결국 행성과 태양을 연결하는 동경(動徑)은 같은 시간에 넓이를 휩쓸며 지난다.

제3법칙 : 행성의 공전주기의 제곱은 공전 궤도의 장반경(태양으로부터의 평균 거리)의 세제곱에 비례한다.

문장으로는 알기 어려운 법칙이지만, 결국 공전주기의 길이가 타원 궤도의 장반경을 따라 결정된다는 것을 의미하고 있다. 타원 궤도의 이심률에 의존하지 않기 때문에, 장반경이 같으면 원 운동이든 타원 운동이든 주기는 같다는 것이다.

즉 장반경이란 제1법칙에서 나온 장경의 반. 다른 말로 하면, 행성과 태양의 평균거리가 된다.

케플러 전에도 관측에 의해 "궤도가 큰 행성이 일주하는 시간(공전주기)은 길어진다."는 것은 알고 있었다. 그러나 그 주기와 궤도 장반경의 수학적인 관계는 알지 못했는데, 그것을 케플러가 법칙의 형태로 발견했다. 그의 명석함에 감탄할 수밖에 없다.

공전주기 P를 년, 장반경=태양과의 평균거리 a를 천문단위(Astronomical Unit, 줄여서 AU=지구와 태양의 거리를 1로 한다.)로 나타내면, 지구의 경우 $a=1$AU이므로,

$$\frac{[a(\text{AU})]^3}{[P(\text{년})]^2}=1$$

이라는 식이 성립된다.

마찬가지로 태양계의 행성을 조사해보면 다음 표(행성의 궤도 장반경과 공전주기)와 같이 되어, 제3법칙이 증명된다.

행성	궤도 장반경 a (천문단위 AU)	a^3	대항성 공전주기 P (태양년)	P^2	$\dfrac{a^3}{P^2}$
수성	0.3871	0.05800555	0.2409	0.05803281	0.9995
금성	0.7233	0.37840372	0.6152	0.37847104	0.9998
지구	1.0000	1	1.0000	1	1.0000
화성	1.5237	3.53751592	1.8809	3.53778481	0.9999
목성	5.2026	140.819017	11.8620	140.707044	1.0008
토성	9.5549	872.32524	29.4580	867.773764	1.0052
천왕성	19.2184	7098.25644	84.0220	7059.69648	1.0055
해왕성	30.1104	27299.1783	164.7740	27150.4711	1.0055

행성의 궤도 장반경과 공전주기

제2장
태양계에서 은하계로

★2-1 만약 카구야 공주가 태양계의 행성에서 왔다면?

제2장 태양계에서 은하계로

태양계의 카구야 공주

태양계의 행성 중에서 어느 행성이 카구야 공주의 고향이 될 수 있을지 살펴보자. 크기나 중량을 알기 쉽게 하기 위해 지구를 기준으로 한 수치로 나타냈다. 과연 태양계에 카구야 공주의 고향이 있을까?

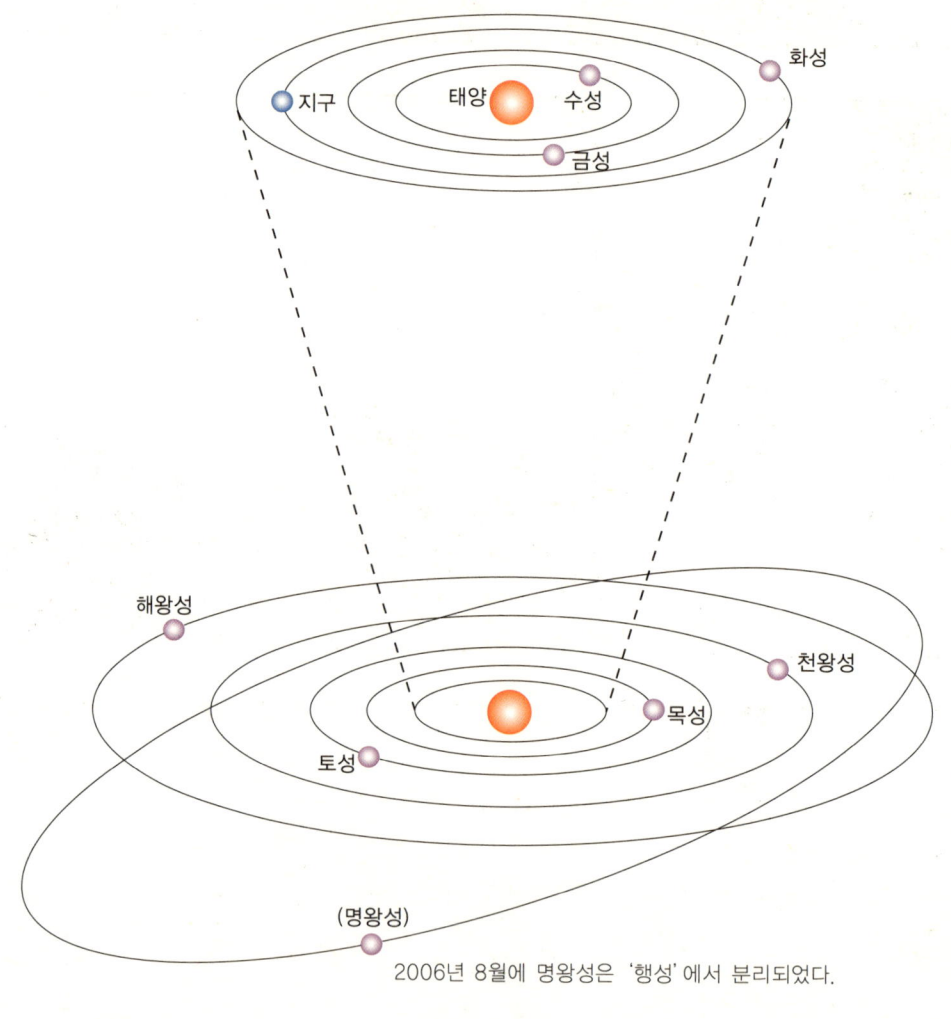

2006년 8월에 명왕성은 '행성'에서 분리되었다.

태양계의 구성

● 수성 ●

- 크기 : 지구의 약 0.38배(적도반경 2,440km)
- 질량 : 지구의 약 0.055배
- 중력 : 지구의 약 0.38배
- 위성 : 0개
- 태양으로부터의 평균거리(AU) : 지구의 약 0.39배(약 0.39AU)
- 공전주기 : 약 88일
- 자전주기 : 약 59일

【어떤 곳?】

　태양계의 행성 중에서는 가장 내측의 궤도를 돌기 때문에, 태양으로부터 받는 에너지의 양은 단위면적당 지구의 약 6.7배로, 꽤 강하게 받는다. 자외선 대책이 필요할 정도이며, 표면의 최고 온도는 427℃나 되기 때문에 타버린다. 게다가 중력이 작은 탓에 대기가 거의 없어 진공에 가까운 환경이다. 하이 파워 냉각장치가 부착된 완전 밀폐된 우주복이라도 입고 있지 않으면 한순간에 탄다. 북극부분에 얼음이 있다고 알려져 있으나, 그것은 영하 180℃ 정도까지 냉각되어 있을 가능성이 높다.

　온도나 대기가 험난한 환경을 제외하면, 지표의 풍경은 '사막과 크레이터'로 달과 비슷해 카구야 공주에게는 친숙할지도 모른다.

● 금성 ●

- 크기 : 지구의 약 0.95배(적도반경 6,052km)
- 질량 : 지구의 약 0.82배
- 중력 : 지구의 0.91배
- 위성 : 0개
- 태양으로부터의 평균거리(AU) : 지구의 약 0.72배(약 0.72AU)
- 공전주기 : 약 225일
- 자전주기 : 약 243일

【어떤 곳?】

지구에서 가장 가까운 행성으로, 대기가 있다는 점이나 화산활동이 활발해서 황화수소나 질소, 혹은 아황산가스 등을 세차게 내뿜고 있다는 점 등, 지구와 공통점이 많다. 중력이 지구와 거의 같은 것도 믿음직하다.

그러나 농황산 등으로 이루어진 두터운 구름으로 덮여 있고, 대기의 주성분(약 96%)이 이산화탄소 등으로 이루어져 있어 매우 심각한 온난화 효과에 의해 주야를 불문하고 지표의 온도가 400~500℃를 유지하고 있다. 지상의 기압도 지구의 90배 정도이다.

금성은 자전의 방향이 지구와 반대이기 때문에, 태양은 서쪽에서 떠서 동쪽으로 진다.

● 화성 ●

- 크기 : 지구의 약 0.53배(적도반경 3,396km)
- 질량 : 지구의 약 0.11배
- 중력 : 지구의 약 0.38배
- 위성 : 2개
- 태양으로부터의 평균거리(AU) : 지구의 약 1.52배(약 1.52AU)
- 공전주기 : 약 687일
- 자전주기 : 약 1일

【어떤 곳?】

　엷은 이산화탄소로 이루어진 대기가 있고, 사막으로 덮인 행성이다. 물의 존재도 확인되어 태양계의 행성 중에서는 지구에 가장 가까운 환경이다. 기온도 최고 20℃ 정도이고, 아폴로형의 우주복이 있으면, 인간이든 카구야 공주든 살아갈 수 있다.

　풍경도 지구와 비슷하고 하루의 길이도 같아 생활 패턴을 무너뜨리지 않고 지내겠지만, 2개 있는 위성 중 포보스(Phobos)는 화성의 자전속도보다 빠르게 회전하고 있기 때문에, 하룻밤에 2번 '달의 출몰'을 반복하는 경우가 있다.

　또한, 화성에는 태양계에서 가장 크다고 하는 올림포스 산이 있다. 높이는 약 25,000m로 에베레스트의 약 3배이다. 그 외에도 태양계 최대의 계곡이 있으며, 지형은 꽤 기복이 크다.

　지표에는 때때로 회오리 바람과 같은 선풍이 불고, 그 모양이 미국이 발사한 마르스 패스파인더에 의해 촬영되었다.

제2장 태양계에서 은하계로

● 목성 ●

- 크기 : 지구의 약 11.2배(적도반경 71,492km)
- 질량 : 지구의 약 318배
- 중력 : 지구의 약 2.37배(단, 자전에 의해 생기는 원심력의 영향이 있다.)
- 위성 : 49개 이상
- 태양으로부터의 평균거리(AU) : 지구의 약 5.20배(약 5.20AU)
- 공전주기 : 약 12년
- 자전주기 : 약 9시간 50분

【어떤 곳?】

 수성부터 화성까지가 암석이나 금속 등으로 만들어진 '지구형 행성'으로 불리는 것에 비해, 주성분이 가스인 목성과 토성은 '목성형 행성'이라고 불린다. 실제로 목성은 밀도가 지구의 4분의 1밖에 안 되고, 대기는 수소와 헬륨을 주성분으로 하는 기체로 이루어져 있기 때문에 지구와 같이 '지면'이 있지 않다. 중심부(반경의 11분의 1 정도)는 암석질의 핵이지만 나머지는 가스 형태, 혹은 액체 형태의 물질이 모여 있는 것뿐이어서 우리가 가지고 있는 '행성'의 이미지와는 전혀 다르다. 말하자면 구름 속에 있는 듯한 느낌이랄까? 그렇기 때문에 신체가 기체로 이루어진 부유 생물이 있다고 생각하는 학자도 있다.
 그러나 지구의 300배 이상의 질량인만큼 중력도 2배 이상으로 자신과 같은 무게를 짊어지고 걷는 것과 같아 생활은 꽤 험난할 것이다.
 다만, 에우로파 등 몇 개의 위성은 지구와 비슷한 환경인 곳도 있어 생명이 발견될 가능성도 있다.

● 토성 ●

- 크기 : 지구의 약 9.45배(적도반경 60,268km)
- 질량 : 지구의 약 95.2배
- 중력 : 지구의 약 0.94배(단, 자전에 의해 생기는 원심력의 영향이 있다.)
- 위성 : 52개 이상
- 태양으로부터의 평균거리(AU) : 지구의 약 9.55배(약 9.55AU)
- 공전주기 : 약 29.5년
- 자전주기 : 약 10시간 34분

【어떤 곳?】

　수소와 헬륨이 대기의 거의 전부를 이루고 있는 목성형 행성으로, 지면이 없다. 밀도는 0.69로 물에 뜰 정도로 가볍기 때문에, 체적비로는 지구의 800배 이상이고 중력은 거의 같다. 따라서 부유기지와 같은 것을 만들면 생활이 가능할 것이다.

　토성은 태양과의 거리가 있어, 지구에서 태양의 10분의 1 정도의 크기로밖에 보이지 않는다. 당연히 온도가 낮아 평균 영하 130℃ 정도를 유지한다. '극' 지역이 가장 온도가 높다고 여겨지고 있어 혹시 거기에 산다고 하면 특징인 '고리'는 하늘에서가 아닌 아래에서 보게 된다. 위성은 태양계의 행성에서 최다로, 달맞이는 얼마든지 가능할 듯하다. 다만, 하루가 10시간 반밖에 되지 않기 때문에, 밤이 지나는 것은 빠르다!

● 천왕성 ●

- 크기 : 지구의 약 4.01배(적도반경 25,559km)
- 질량 : 지구의 약 14.5배
- 중력 : 지구의 약 0.89배(단, 저전에 의해 생기는 원심력의 영향이 있다.)
- 위성 : 27개 이상
- 태양으로부터의 거리(AU) : 지구의 약 19.2배(약 19.2AU)
- 공전주기 : 약 84년
- 자전주기 : 약 17시간 17분

【어떤 곳?】

이전에는 크기와 위치 때문에 목성형 행성(가스 행성)으로 분류되었지만, 물이나 메탄, 암모니아가 응고된 얼음을 주체로 하고 있기 때문에 해왕성과 함께 '천왕성형 행성(거대 얼음 행성)'이라는 카테고리로 구분되었다. 밖에서 봐도 투명한 푸른색으로, 지표의 풍경은 남극과 비슷할 것이다. 다만 온도는 영하 200℃를 밑도는 초극한의 행성이다.

토성보다 얇은 고리가 있고, 하늘의 풍경은 하늘의 강이 2개 있는 듯하며, 위성은 27개나 있어 꽤 번화한 느낌이다.

다른 행성과 가장 큰 차이점은, 자전축이 황도(공전의 궤도면)에 대해 거의 옆으로 쓰러져 있다는 것이다. 이 때문에 계절에 따라서는 낮의 지역과 밤의 지역이 구분된다.

● 해왕성 ●

- 크기 : 지구의 약 3.88배(적도반경 24,764km)
- 질량 : 지구의 약 17.2배
- 중력 : 지구의 약 1.11배(단, 자전에 의해 생기는 원심력의 영향이 있다.)
- 위성 : 13개 이상
- 태양으로부터의 평균거리(AU) : 지구의 약 30.1배(약 30.1AU)
- 공전주기 : 약 165년
- 자전주기 : 약 16시간

【어떤 곳?】

 해왕성의 궤도 장반경은 지구의 약 30배이기 때문에, 태양으로부터의 에너지는 지구의 900분의 1 정도에 지나지 않는다. 온도는 영하 220℃ 이하로 대부분 얼어버리며, 수소를 주체로 한 두꺼운 대기가 있어 때때로 태풍과 같은 폭풍이 분다.
 그러나 해왕성에 대한 자세한 것은 지구에 가장 근접할 때에도 태양의 29배나 떨어져있기 때문에 별로 알 수 없다.

● 보충(1) : 명왕성 ●

- 크기 : 지구의 약 0.18배(적도반경 1,197km)
- 질량 : 지구의 약 0.0023배
- 중력 : 지구의 약 0.07배
- 위성 : 3개 이상
- 태양으로부터의 평균거리(AU) : 이심률이 큰 타원 궤도이기 때문에 30~50배
- 공전주기 : 약 248년
- 자전주기 : 약 6.4일

【어떤 곳?】

 예전에는 태양계의 제9행성으로 여겨졌으나, 2006년에 열린 국제천문연맹(IAU) 총회에서 "행성의 정의에는 들어가지 않는다."고 결정된 불쌍한 별이다. 실제 다른 행성과는 꽤 다른 타원 궤도를 가지고 있고 천왕성이나 해왕성과는 크기도 구조도 다르기 때문에, "이 결정은 너무 늦은 감이 있다."고 말하는 천문학자도 많다.
 표면의 모습은 대부분 모르지만, 온도는 극한(해왕성보다 10℃ 정도 춥다고 한다.)으로 대기도 거의 없어 생명에게 있어서는 꽤 가혹한 환경이다.

● 보충(2) : 지구 ●

【어떤 곳?】

'어머니 지구', '생명의 근원' 등으로 불려지지만, 탄생한 46억 년 전에는 도저히 생물이 살 수 있는 환경이 아니었다. 표면은 암석이 녹은 마그마로 덮여 있고, 물은 아직 기체(수증기)의 형태로밖에 존재하지 않았다. 기압도 지금의 300배 정도였다. 당시 지구에 비하면, 지금의 화성 주변 쪽이 오히려 살기 좋은 환경이다.

지구의 환경이 인간이 살아갈 수 있을 정도로 평온해진 것은 5억 5000년 정도 전으로, 고생대의 초기 경으로 추정되고 있다(이때, 생물의 종류가 한꺼번에 늘어났다). 지구의 역사를 생각하면, 그것은 '바로 최근'의 일에 지나지 않는다.

● 보충(3) : 달 ●
달은 지구의 '자식'일까, 아니면 '남남'일까?

- 크기 : 지구의 약 0.27배(적도반경 약 1,738km)
- 질량 : 지구의 약 0.012배
- 중력 : 지구의 약 0.17배
- 공전주기 : 약 27.3일
- 자전주기 : 약 27.3일

● 달은 지구를 부모로 하는 자식이 아닌가?

지구와 그 위성인 달은, 말하자면 부모·자식과 같은 관계가 된다. 이 때문에 이전에는 지구의 일부가 자전의 원심력에 의해 분열해 달이 됐다고 생각해 '그 흔적이 태평양이 아닐까?' 라는 설까지 있었을 정도이다.

확실히 달을 구성하는 물질은 지구 내부의 맨틀과 매우 비슷하기 때문에 설득력이 있는 듯하지만, 한편으로 이 부모·자식설에는 몇 개의 문제가 있다. 우선 이렇게 강한 원심력이 생기려면, 지금의 자전속도로는 어림도 없기 때문이다. 확실히 지구는 대기(공기)가 보존될 정도로 '느리게' 회전하고 있는데, 달이 되는 물질만 "퓽!" 하고 날아가 버린다는 이야기는 꽤 무리가 있다. 또한 지구의 자전이 도중에 갑자기 느려진 증거도 없다. 그래서 달의 탄생에 얽힌 부모·자식설은 점점 사라져 갔다.

● 너무 큰 자식은 역시 의심된다

지구와 달의 부모·자식설에 있어서 최대의 약점은 "달이 너무 크다."는 것이다.

달의 직경(이하, 모두 적도부분)은 약 3,474km로, 지구의 약 4분의 1이다. 위성으로서는 걸맞지 않을 정도로 크다. 이 때문에 "달은 지구의 위성이 아닌, 지구와의 이중 행성이라고 생각할 수밖에 없다."고 주장한 천문학자도 있었을 정도이다.

예컨대, 태양계 최대의 위성은 가니메데스(Ganymedes)이지만 직경은 모천체인 목성의 약 27분의 1이며, 토성 최대의 위성 타이탄(Titan)도 약 25분의 1이다. 이런 것들을 생각했을 때, 달이 이상하리만큼 크다는 것을 알 수 있다. 그렇기 때문에 자전의 원심력으로 분리되었다는 설은, 역시 무리가 있다.

'부모·자식이 아니라면…' 하고 생각해 낸 것이 형제설이다. 지구는 태양계가 형성될 즈음에 존재한 아주 작은 천체의 충돌·합체로 지금의 크기가 되었고, 그때 달도 함께 만들어져 그것이 우연히 위성이 되었다는 것이다. 그렇다고 하면, 양쪽의 천체가 닮은 물질로 구성되어 있는 이유는 설명할 수 있다. 그러나 원래부터 같이 탄생한 두 개의 천체인데도 "그 중 하나가 왜 다른 하나의 주위를 돌고 있는 걸까?"라는 의문에 대해서는 물리적인 답이 나오지 않아, 역시 이 설도 결정력이 부족하다.

마지막으로 "우연히 지구 근처에 온 천체가 중력으로 붙잡혔다."는 타인설(포획설)도 있다. 그러나 미국의 아폴로 계획을 시작으로 많은 탐사 프로젝트에 의해 지구와 달의 물질적인 유사성이 증명되어감에 따라 "역시, 이 두 개의 천체에는 깊은 관계가 있는 듯하다."는 결론이 나왔다. 이런 이유로 급부상한 것이 거대 충돌설이다.

● '자이언트 임팩트(Giant Impact)'라는 대사건

지구가 탄생한 것은 지금으로부터 약 46억 년 전이지만, 그 직후 큰 천체와 충돌한다. 에너지양으로 유추해보면 아마 화성 정도(직경이 지구의 약 절반)의 크기로, 틀림없는 대사건이다.

그 정도로 충돌하면, 당연히 지구로부터 많은 물질이 우주공간으로 흩어져 날아간다. 또한 그 천체도 분열한다. 이런 것들을 토대로 달이 만들어졌다고 하는 것이 거대 충돌설(자이언트 임팩트 설)이다.

이 가설로 달과 지구의 구성 물질이 닮아있는 점이나 달이 지구에 비해 너무 큰 위성이라는 점, 그리고 지구의 주위를 돌기 시작한 이유까지도 명확하게 설명할 수 있다.

또한 달에는 휘발성 원소가 적지만, 그것도 충돌 때 소실되었다고 한다면 설득력이 있다.

이러한 이유들로 거대 충돌설은 꽤 유력시되고 있지만, 아직 유력한 증거는 찾아내지 못했다. 일본의 달주회 위성 '카구야'의 탐사목적 중 하나가 달의 탄생의 비밀을 찾는 것이기 때문에, 그 성과를 기대해보자.

● 달이 너무 큰 것은 나쁜 것이 아니다

자이언트 임팩트의 유무는 이후의 탐사결과를 기다리기로 하고, 마지막으로 지구에 있어서 너무 큰 위성인 '달'이 가져다주는 영향에 대해 살펴보자.

먼저 우리가 달맞이를 하며 우아하게 달의 모양을 즐길 수 있는 것은, 틀림없이 그 크기의 덕이다. 가니메데스를 포함한 태양계의 위성은 모두 모천체에서 본 사이즈로 말하면 달의 반 이하이다.

그리고 만조와 간조라는 드라마틱한 자연현상이 있는 것도, 지구가 달이라는 거대 위성을 갖고 있기 때문이다. 지구와 달 사이의 거리는 약 38만km로, 지구의 직경의 약 30배가 된다. 정확한 그림으로 보면 아래(달과 지구의 거리 모델)와 같은 느낌이다. 아마 대부분의 사람이 생각했던 것보다 '멀다'고 느끼겠지만, 그래도 조석(潮汐 : 바닷물의 밀물과 썰물)이 있는 것은 달이 충분히 크기 때문이다. 조석은 주로 달에서의 중력의 영향으로 일어난다. 그 덕분에 바다의 생태계에 정기적인 사이클이 만들어져 우리는 그것을 이용해 고기 잡는 기술을 발달시켜왔다.

조석간만은 자연의 풍경에 변화를 주어 아름다움을 연출해 준다. 만약 그것이 자이언트 임팩트에 의한 결과라고 한다면, 우리는 이 대사건에 감사할 수밖에 없지 않을까?

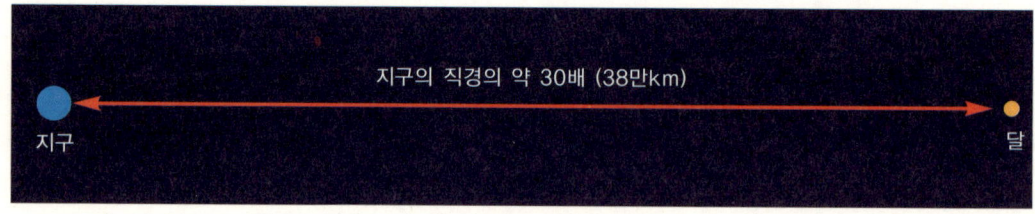

달과 지구의 거리 모델

● 보충(4) : 태양 ●
아는 듯 잘 모르는 '태양'이라는 별

- 크기 : 지구의 약 109배(적도반경 696,000km)
- 질량 : 지구의 약 332,946배
- 중력 : 지구의 약 28.01배
- 행성 : 8개

● 너무나 큰 태양이라는 존재

하늘에 밝게 빛나는 태양은 우리에게 있어 가장 존재감 있는 천체이다. 과연 그 크기는 어느 정도일까?

먼저 그 질량은 태양계 전체의 99.9%를 차지한다. 즉 지구·목성 등의 행성이나, 그것들의 주위를 도는 위성, 다양한 소천체 등을 모두 합쳐도 태양의 1,000분의 1 정도 밖에 되지 않는, 대부분 덤 같은 존재이다.

덧붙여 지구와 비교해서 말하면,
태양은, 직경이 지구의 약 109배(약 140만km)
　　　　체적이 지구의 약 130만 배
　　　　질량이 지구의 약 33만 배
가 된다.

지구에서의 거리는 약 1억 5,000만km로, 스페이스 셔틀의 우주공간에 있어서 최고 속도가 시속 약 2만 8,000km인데 풀 스피드로 7개월 좀 넘게, 보통의 제트기라면 20년 정도 걸리는 거리이다(물론 제트기는 우주에 갈 수 없지만). 꽤 먼 곳이라는 것을 알 수 있다.

그런데 이 정도 떨어져 있지 않으면 오히려 큰일이다. 태양과의 거리가 지구의 4할이라는 수성은 하루 종일 온도가 400℃ 이상이다. 지구에 도달하는 에너지만도 200조kW로, 이것은 평균적인 100만kW급 원자력발전소 2억기분에 해당한다. 역시 태양은 어처구니없이 큰 존재이다.

● **수소를 연료로 계속 타는 태양**

이전에 태양의 '직경'이라는 표기법을 썼지만 태양은 지구형 행성 등과 달리, 확실하게 지표면이 있지 않다. 일종의 가스 천체로 이 때문에 자전주기도 적도상에서는 약 27일, 극 근처에서는 약 32일의 차이가 있다.

태양 중심부에는 핵이 있는데, 지구의 약 33만 배의 질량이 산출되는 중력에 의해 2,000~2,500억 기압의 고기압 상태로 이루어져 있다. 거기서 일어나는 것이, 수소에서 헬륨으로의 원자핵융합반응이다.

수소 원자 4개가 붙어 헬륨 원자 1개가 되면, 그때 대량의 에너지를 내뿜는다. 이것이 '지구에 도달하는 것만 원자력발전소 2억기분'이라는 파워의 근원이다.

그리고 방사된 에너지가 핵 주변에 방사층을 만들고, 그 위에 가스에 의한 대류층이 생긴다. 이것이 태양의 거대한 내부 구조이다.

보통 우리가 보고 있는 태양은 광구라고 불리는 불투명한 부분으로, 대류층을 덮는 표면의 얇은 층이며 온도는 약 6,000켈빈(K = ℃ + 273.15)이다. 흑점 등도 여기에 있다.

한층 더 들어가면 채층이나 코로나(corona)가 이어진다.

태양의 코로나

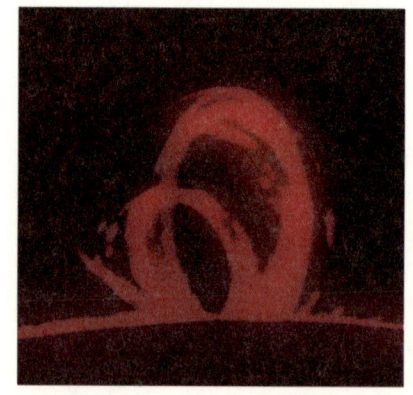

태양의 프로미넌스(홍염)

태양은 수소를 '연료'로 하고 있어 언젠가 다 타버리겠지만, 이론적 계산에 의하면 태양의 수명은 약 100억 년이다. 현재 탄생으로부터 약 46억 년(지구와 거의 같다.)이 지났기 때문에, 앞으로 50억 년 이상은 지금처럼 계속 빛날 수 있다.

코로나
광구 표면
채층
대류층
방사층
원자핵 융합반응이 진행하는 중심핵

태양의 내부 구조

● 태양은 재활용된 항성이었다?

태양과 같은 항성은 우주공간 속에서 '주변에 비해 우연히 물질밀도가 약간 높은 장소'에 분자운(分子雲)이 모이기 시작해, 이윽고 '중력에 의한 수축 → 온도 상승 → 열방사 → 핵융합반응에 의한 발광'이라는 과정을 거쳐 탄생한다. 우주가 탄생할 때, 분자운은 수소와 헬륨으로 이루어졌기 때문에 이 두 개가 항성(恒星)의 구성물질이 되었지만, 태양을 스펙트럼 분석해 보면 철이나 금, 우라늄 등 중원소의 존재가 확인되었다. 어떻게 된 것일까?

이들 중원소는 태양보다 큰 항성의 내부에서 원소 합성에 의해 만들어졌다고 여겨졌다. 이 점 때문에 태양은, "무거운 항성의 최후에 일어나는 초신성 폭발에 의해 흩날린 성간물질로부터 만들어진 것이 아닐까?"라고 생각되었던 것이다. 즉 항성의 재활용이다.

지구에 많은 철이 존재하는 것도, 태양계의 형성기에 여기에 많은 성간물질이 있었기 때문이라는 것이다. 그렇게 생각하면 태양이 재활용 항성이라는 것도 이상한 것은 아니다. 오히려 항성의 대부분이 실은 그러한 과정을 거쳐 탄생하고 있을지도 모른다.

★2-2 은하수(Milky Way)·은하

★ 2-3 은하계의 크기는 태양계의 몇 배?

은하에 대해서 좀더 설명할게.

··가을이는 괜찮아?
괜찮아! 항상 있는 일인데, 뭐.

아까도 말했듯이 은하계는 정 중앙이 불룩한 원반형 모양의 별들의 집단이야.
크기는 원반부분을 포함해 직경 10만 광년

10만 광년이라고 말해도 모르잖아!!
빛이 10만 년 걸려 전진한 거리야!

그런 순간은 오지 않아!
몇 km 몇 m 몇 cm야?!
침튀기지마
쉴 새 없이 묻지마!

1광년··· $9.4607309725808 \times 10^{15}$m = 9.46조km = 약 63,240AU(천문단위)이야.

1광년은 대체로 10조km 정도 되려나.
10조km 마라톤
km로도 감이 안와.

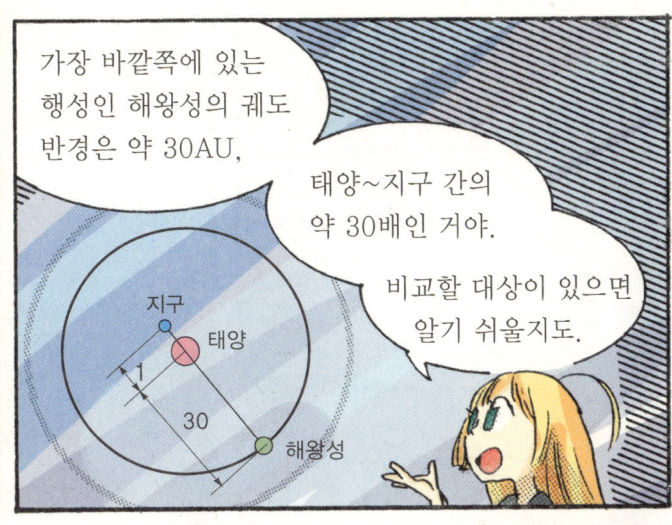

★2-4 은하계의 중심에는 무엇이 있는 걸까?

> **칼럼**
>
> ### 은하계의 수수께끼 베스트 5!
>
> #### ● 형태를 잘 모른다
>
> 이전에는 은하계를 소용돌이 은하라고 생각했었다. 그런데 2003년, NASA가 쏘아올린 스피처 우주망원경의 관측 데이터를 분석한 미국의 천문학자들이 "중심부에 길이 약 2만 7,000광년의 막대기 구조가 존재한다."고 발표하면서, 막대 소용돌이 은하가 아닐까 하는 설이 유력해졌다. 다만, 소용돌이 은하와 막대 소용돌이 은하가 왜 생겼는지는 아직 모른다.
>
>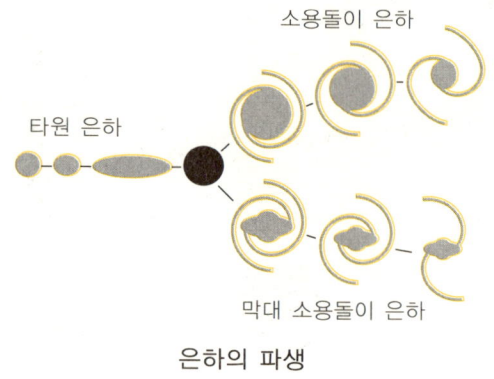
>
> 은하의 파생
>
> #### ● 은하계의 중심은 블랙홀?
>
> 태양계란 문자 그대로 태양이라는 항성의 중력에 의해 모인 천체의 집합체라고 할 수 있다. 그렇다면 은하계의 중심에서 천체를 한데 모으고 있는 것은 무엇일까? 이 답은, 아직 정확하게는 알지 못한다. 다만 태양의 3,000억부터 3조 배나 된다는 은하계의 거대한 질량을 생각하면, 보통의 '별'로는 균형을 잡지 못하므로 '매우 무겁고 작은 천체'가 될 수밖에 없다. 그리고 그것에 적합한 것은 블랙홀(black hole) 밖에 생각할 수 없다.
>
> 블랙홀이란 중력이 너무 강해 빛조차도 바깥으로 나갈 수 없는 영역으로, 은하계의 중심에 있는 것을 매우 거대한 블랙홀이라고 생각하고 있다.
>
> #### ● 왜 거대 블랙홀이 생긴 건지는 수수께끼
>
> 블랙홀에는 항성(恒星) 정도의 질량을 가진 '작은 타입'도 있지만, 은하 중심에 있는 것과 같은 경우는 태양의 수백만 배에서 수억 배의 질량을 가진 거대한 것이다. 이러한 대질량의 블랙홀이 어떻게 생긴 건지는 아직 잘 모른다.

'항성 사이즈'의 블랙홀은 원래 별이었던 천체의 성장 과정물이라고 생각되어졌다. 태양의 20배 이상 큰 항성에서는 초신성 폭발 후에도 중력 붕괴에 의해 핵의 수축이 계속되기 때문에 블랙홀이 되는 것이다.

순리적으로 생각하면, 이들은 소형 블랙홀이나 다른 천체가 융합하는 것으로 크게 성장하는 것 같다. 지금까지는 그 도중의 중간 사이즈가 발견되지 않았기 때문에 블랙홀 생성의 메커니즘은 밝혀지지 않았다. 그러나 최근의 'X선 위성'의 관측으로 성장하는 블랙홀의 중간 사이즈가 차례로 발견되기 시작해, 블랙홀 생성의 메커니즘이 밝혀지는 것도 멀지 않은 이야기일지도 모른다.

● 우주의 9할은 아직도 잘 모른다

은하계의 질량은 운동의 분석 등에 의해 태양 6,000억~1조 개 분이라고 일컬어지고 있지만, 망원경(전파망원경을 포함) 등으로 관측할 수 있는 천체는 모두 합쳐도 그 1할에도 미치지 못하는 것으로 알려져 있다. 이것은 다른 은하나 은하단에서도 같고, 결국 '우주를 구성하는 것의 9할 이상은 관측할 수 없는 암흑물질(暗黑物質 ; Dark Matter)이다.'는 것이 현재 천문학의 중론이다.

빛을 발하지 않고 반사도 하지 않는 암흑물질의 정체가 무엇인지에 대해서는, 미지의 소립자 혹은 뉴트리노(neutrino : 소립자의 일종)에서 블랙홀까지 여러 가지 설이 있다. 이것을 설명할 수 있다면 물론 노벨상감이다.

덧붙여 우주에 존재하는 에너지의 70% 이상은 실태도 모르는데, 이들은 다크 에너지(Dark Energy)라고 불린다.

● 70억 년 후에 안드로메다와 대충돌, 그 행방은?

은하계에서 가까운 다른 은하(소우주)인 '안드로메다 은하'는 초속 약 100km의 속도로 다가오고 있다. 현재 거리는 약 252만 광년이고, 이대로라면 70~80억 년 후에는 충돌하게 된다. 그때, 어떤 일이 일어날지는 알 수 없다.

물론 은하 안에서도 천체와 천체 사이는 충분히 떨어져 있어 항성들이 부딪힐 가능성은 적은 것 같지만, "합체해서 새로운 하나의 은하가 된다.", "충돌과 함께 중력 작용으로 큰 영향을 받는다." 등 다양한 예측이 되고 있다.

★2-5 은하계는 많은 은하 중 하나

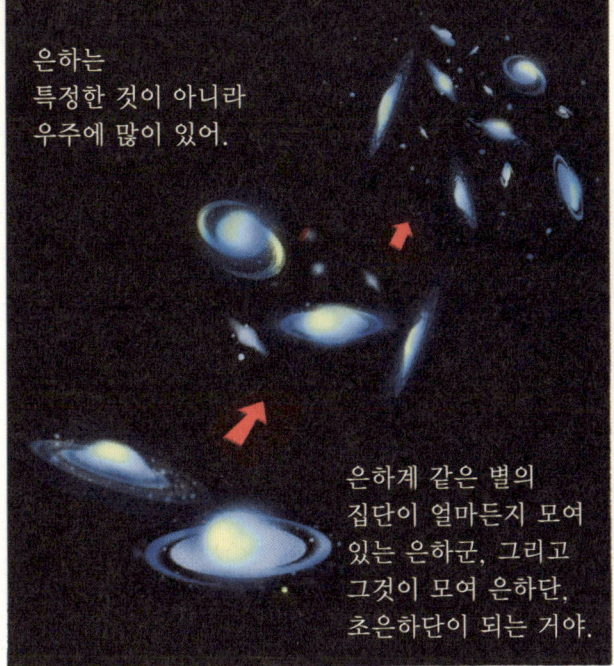

☆ 인류에 있어서의 '우주'는 점점 커지고 있다

★ 은하수는 왜 만들어진 걸까?

천동설이든 코페르니쿠스에 의한 초기의 지동설이든, 16세기경까지의 사람들에게 있어서 우주는 '지구, 달, 태양, (태양계의) 행성과 그 외의 많은 것'에 지나지 않았다.

하늘 위에서 단독으로 움직이는 것은 행성까지로 보고, 나머지 많은 별들은 여러 가지 성좌를 만들면서 '무대배경'과 같이 천구에 달라붙어 있을 뿐이라고 생각했다. 그래서 변하지 않는 별이므로 항성! 그렇게 일방적으로 단정해 왔다.

그런데 이때 그런 우주관에 의문을 가진 사람이 갈릴레이였다. 그는 자신이 만든 망원경을 사용해 매일같이 밤하늘을 관측했다. 그 결과 1609년, 그는 은하수가 무수한 별의 집합체라는 사실을 발견했다.

은하수

망원경이 없었을 때 은하수는 천구에 퍼진 구름이거나 무언가의 흐름과 같은 것이라고 생각되었다. 그래서 견우와 직녀는 만날 수 없다고 믿은 것이다.

실은 이것에 대해서도, '과연 고대 그리스다.'라고 해야 할까. 데모크리토스(Demokritos ; B.C. 460?~B.C. 370?)라는 고대 그리스의 철학자가 "은하수는 멀리 있는 별의 집합체이다."는 설을 제창했다는 이야기가 있다. 그가 논리적인 사고의 끝에 그러한 결론에 도달한 것인지 아니면 '희한하게 시력이 좋은 사람'이었는지는 불분명하지만, 그가 생각한 방법은 짐작할 수 있다. 왜냐하면 만약 은하수가 가스 형태의 구름이나 강 같은 것이었다면, 시간과 함께 위치나 형태도 바꼈을 것이다. 그런데 은하수는 관측하면 다른 성좌와 마찬가지로 '항상 있는 상태'이다. 그렇다면 별의 집합이라고 생각하는 편이 자연스럽지 않을까 하고 생각할 수밖에 없는 것이다.

물론 그것을 확인할 방법은 없지만, 데모크리토스로부터 약 1200년 후 마침내 갈릴레이가 과학적으로 은하수를 밝혀냈다.

★ 은하수가 보이는 이유를 생각해보자

은하수가 많은 별의 집합이라고 한다면, '그것은 어떤 구조를 하고 있는 걸까?' 라는 의문에 답해가는 것이 과학자의 다음 역할이 된다. 그러나 갈릴레이도 케플러도, 지동설을 주장하는데 바쁜 탓이었을까? 그 점에 관해서는 별로 언급하지 않고 있다.

그렇다면 우리가 생각해보자. 물론 예비지식 없는 사고 실험이다. 조건을 정비해보면, '은하수는 별의 집합체이면서, 하나하나의 별빛은 매우 작고 구름처럼 밖에 보이지 않는다.' 이다. 이것은 지구에서 보이는 다른 항성들에 비해 사이즈가 작든지, 멀리 있든지 둘 중 하나이다.

상식적으로 생각해서 특정한 장소에만 작은 별이 모여 있다는 설은 무리가 있다. 은하수가 몇 개나 있다면, 왜 어느 장소에 띠모양으로 모여 있는 것인지 합리적인 설명을 하기 힘들다.

그렇다면 역시 '은하를 구성하는 별은 다른 항성보다 멀리 있다.'고 생각할 수밖에 없을 것이다. 그리고 문득 떠오른 것은, 다음과 같은 구조이다.

태양계를 속이라고 하면, 그 주위를 '만두의 겉'과 같은 항성천(플라네타륨의 스크린 같이, 여기에 항성이 붙어 있다.)이 감싼다. 그리고 그 바깥쪽에 벨트 모양의 은하수가 둘러싸고 있다. 이것이라면 별의 크기에 극단적인 크고 작음을 따지지 않더라도, 밤하늘의 모양을 설명할 수 있다. 게다가 육안으로도 관측할 수 있는 '띠를 가진 토성'과 닮아서 그럴듯하지 않은가 !

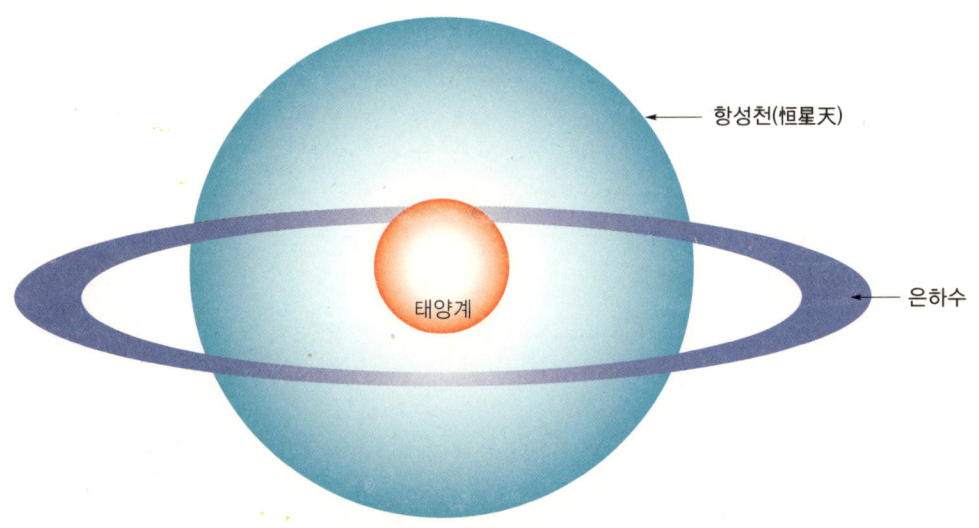

은하수가 보이는 구조

제2장 태양계에서 은하계로

★ 원반형의 은하계 모델이 좀더 알기 쉽다

이런 느낌의 우주 모델을 생각한 사람은 갈릴레이 시대에도 당연히 있었다. 그러나 잘 보면 좀더 좋은 아이디어가 떠오른다.

p.129에서 언급한 모델의 최대 결점은, 항성천과 은하수가 벌어져 버린다는 것이다. 둘 다 별인데 왜 그런 차이가 생기는 건지 설명하기 힘들다.

그럼 두 개를 붙여보면 어떨까.

사실 항성천과 은하수 둘 다 원반 형태의 구조물이라 해도, 천구에는 띠모양의 별의 흐름이 보이기 때문에 지금의 은하계 모델로 볼 수 있을 것이다.

다음 그림(현재 생각하고 있는 은하 모델)과 같이 은하계의 구조가 명확해지는 것은, 뒤에 이야기하겠지만 19세기부터 20세기로 갈릴레이로부터 200년 이상 지난 뒤이다. 그러나 '우주는 원반형으로 되어 있다.'고 생각하는 사람은 그 전에도 있었던 것 같다.

'지구와 태양계가 회전하고 있지만, 만약 우주도 회전하고 있다면…'

'회전하면서 물질이 확대되어 간다면, 원반형의 구조가 될 가능성이 높다.'

이들 가설은 실로 알기 쉽고, 무리가 없다. 왜냐하면 공중에서 피자 도우를 만들 때와 마찬가지의 현상이기 때문에 들은 사람도 쉽게 납득할 수 있기 때문이다.

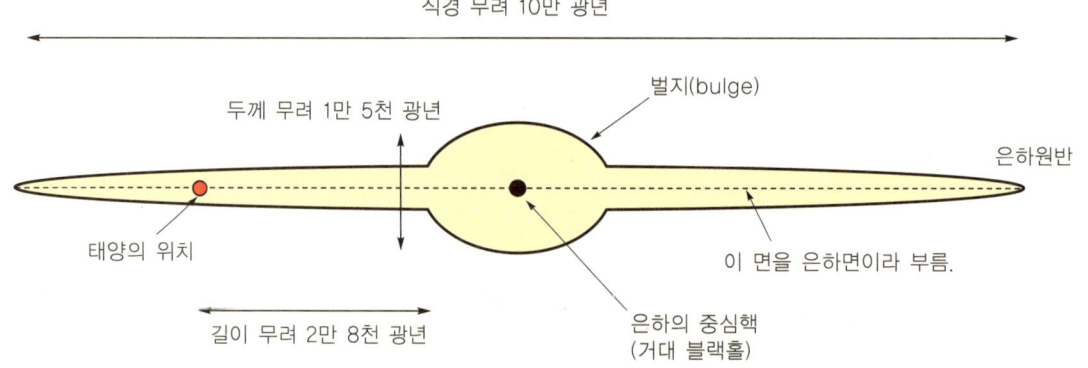

현재 생각하고 있는 은하 모델

★ 과학적인 관측결과로 원반모양 우주를 증명했다

지금까지는 17~19세기의 사람이라는 생각으로 '은하수가 보이는 우주'의 구조를 상상해왔지만, 현실의 관측결과에서 은하계(당시는 그것이 우주의 모든 것이라고 생각했다.)의 모습을 설명하려고 한 사람은 독일 출생으로, 영국으로 건너가서 활약한 천문학자인 허셜(Friedrich William Herschel ; 1738~1822)이다.

그의 방식은 매우 알기 쉽다.

그가 관측할 수 있는 하늘 전체부터 대략 만월의 4분의 1의 면적을 683개를 샘플링하여 망원경을 사용해 각각의 블록의 별을 세었다. 비록 그것이 하늘 전체의 0.1%의 면적밖에 되지 않지만, 통계적으로는 신뢰성 있는 방법이라 말할 수 있다.

말은 간단하지만, 우리가 육안으로 볼 수 있는 6등성보다 밝은 항성이 약 8,600개가 있다. 허셜이 전부 몇 개의 별을 세었는지는 기록으로 남아있지 않지만, 1만 개 이상이었다는 것은 확실하다.

허셜이 이같은 작업을 한 이유는 다음과 같은 가설을 세웠기 때문이다.

1. 은하수 등을 보니, 우주의 별은 무엇인가의 구조를 가진 집단을 만들고 있는 것 같다.
2. 자연계의 집단은 대부분의 경우 구성물이 균질하게 퍼져 있다. 따라서 별도 집단 속에서 고르게, 대략 같은 밀도로 존재하는 것은 아닐까?
3. 그렇게 되면 천구상에서 별의 수가 많은 블록의 면적만큼, 별의 집단은 멀리까지 이어져 있게 된다.

두 번째 가설은 알기 어려울지도 모르지만, 예를 들어 연기가 퍼질 때 전체적으로 형태가 있는 집단을 만들면서 그 속에서 연기 입자가 균일하게 퍼져 있으려고 하는 것을 생각한다면, 쉽게 이해할 수 있을 것이다.

그렇게 고생한 끝에 허셜이 만든 우주 모델은 다음 그림(허셜이 만든 우주 모델)과 같다.

실제로는 암흑물질과 먼지 등으로 덮여있는 부분은 육안으로는 확인할 수 없기 때문에 모양은 이상하고 크기도 실제 은하계의 10분의 1 이하로 꽤 작은 견적이 되어버렸지만, 어쨌든 원반형으로 이루어져 있다. 이같은 허셜의 우주 모델은 우주론의 진보에 크게 공헌했다.

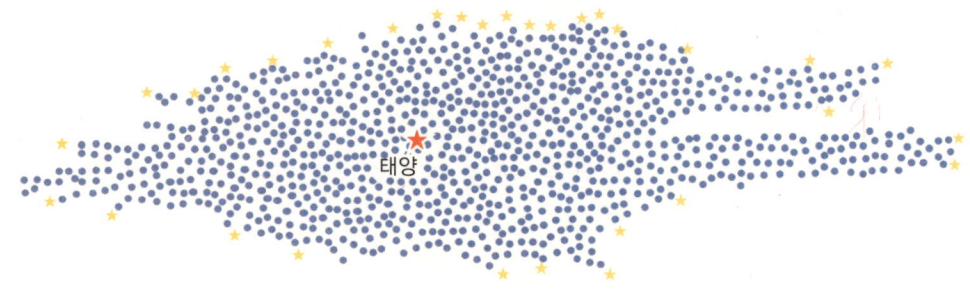

허셜이 만든 우주 모델

제2장 태양계에서 은하계로

★ 철학자 칸트의 발상이 우주를 한번에 확대했다

허셜의 노력에 의해 은하계의 모양은 어렴풋하게나마 알게 되었다. 그러나 그는 그 중심에 태양계가 있다고 근거없이 믿은 데다가, 지구에서 관측할 수 있는 별(=은하계)이 우주의 모든 것이라고 굳게 믿었기 때문에 좀더 광대한 우주를 생각할 수 없었다.

물론 이것은 당시 천문학자에게는 정설이었기 때문에, 허셜만 비난할 수는 없다.

그런데 동시대 과학자와는 완전히 다른 입장에서 우주의 진실에 꽤 다다른 인물이 있었다. 바로 독일에서 태어난 세계적인 철학자 칸트(Immanuel Kant ; 1724~1804)이다.

"인류에게 있어 지식이나 개념은 모두 경험을 통해 형성된 것이다."라는 당시 경험론자의 주장에 대항해, "경험을 통해 얻은 인식내용을 지적으로 처리하고, 개념이나 지식을 획득해 나가는 것이 인간 사고 본연의 모습이다."고 반론해, 인식론에 대혁명(이것을 합리주의와 경험론자의 통합이라고 부른다.)을 야기한 그는 우리의 사고를 우주로도 향하게 했다.

앞서 얘기한 원반형의 은하계 모델도 일찍부터 눈치채, 저서 중에 "항성의 체계는 많은 렌즈형의 모양을 하고 있기 때문에 은하수 같은 것이 보인다."고 쓰여 있다. 이때 허셜이 그것을 읽고, 칸트의 생각을 과학적으로 실증하려고 별의 카운트를 시작한 듯하다(단, 다른 설도 있다).

우주에 관한 칸트의 최대 공적은, 바다에 많은 섬이 떠있는 것처럼 우주에도 항성의 체계(집합)인 섬우주(island universe)가 여러 개 있다는 것을 생각한 점이다. 그리고 그때까지 인류가 봤던 별은 은하계라는 한 개의 섬우주에 지나지 않고, 다른 섬우주가 무수하게 있어 대우주를 구성하고 있다고 시사한 점이다.

칸트가 활약한 18세기 후반, 관측기술의 진보에 의해 우주에는 별 이외에도 많은 천체가 있다는 것을 알게 되었다. 구름처럼 희미하게 빛나고 있어서 '성운(星雲)'이라고 이름 붙인 것이 그것이다.

예를 들어 지금은 '은하'로 분류된 안드로메다 성운이나 마젤란 성운은 육안으로도 보여 오래된 기록에도 남아있지만, 육안으로 보이지 않아 '우주의 구름'이라고 생각된 것은 망원경이 등장하면서 무수한 별의 집합체라는 것을 알게 된 것이다.

은하수와 완전히 같은 패턴이다.

은하수가 별의 집합체로, 거기에서 은하계의 구조를 설명한 것을 떠올려 성운도 별의 집단이라고 생각했을 것이다. 칸트의 사고방식은 실로 명쾌하다.

★ 우주 관측 기술은 어떻게 진보해왔는가?

경험에 의한 인식과 함께 사고에 의한 지식, 개념의 획득에 의해 우주는 인류에게 확대되었다. 허셜 이후 19~20세기에 걸친 천문학의 성과는 제3장 이후로 미뤄 두고, 현재 우리가 우주의 어디까지 관측해 경험적인 인식을 할 수 있을지, 간단히 설명해 두자.

17세기 초반에 갈릴레이가 망원경을 발명해 많은 발견을 했다는 것은 전에 언급했다. 당시 망원경의 성능으로는 은하를 은하계의 집단이라고 인식한 것이 최선으로, 1612년에 독일의 천문학자 시몬 마리우스(Simon Marius)가 은하계의 주변에 있는 안드로메다 은하(당시는 성운)를 관측했지만, 아직 별이라는 인식에는 도달하지 못했다. 만약 이때 그가 "안드로메다도 은하와 같다."는 것을 발견할 수 있었다면, 우주의 구조는 더욱 빨리 명확해졌을지도 모른다.

갈릴레이와 같은 시대의 케플러는 조금 다른 방식의 망원경을 발명했다. 2개를 비교할 경우, 갈릴레이식은 정립상이 얻어지지만 배율을 높이는 것이 어렵고, 케플러식은 도립상(즉, 상하 반대로 보인다.)이 되지만 고배율로 해도 시야가 좁아지지 않는 장점이 있어, 오랫동안 천체망원경의 주류가 되었다(갈릴레이식은 오히려 지상용 망원경으로 적합하다).

그러나 어떤 방식이든, 당시의 기술로는 큰 렌즈를 만들 수 없었기 때문에 분해능을 올리는 데에는 한계가 있었다. 분해능이란 "2개의 점을 어디까지 분별할 수 있을까?" 하는 능력으로, 천체망원경에 있어서 매우 중요한 기능 중 하나이다. 기본적으로는 망원경의 구경(크기)이 클수록 많은 빛을 모을 수 있기 때문에 분해능을 높일 수 있지만, 렌즈의 공작정도가 그것에 따라가지 못하면 의미가 없다. 또 렌즈는 배율을 높이기 위해 두껍게 하면 프리즘과 같이 색을 분해해 버리는 문제도 있었다.

여기서 렌즈 대신 거울을 사용한 것이, 뉴턴식으로 대표되는 반사식 망원경으로 1688년에 발명되어 그 후 여러 방식이 더해졌다. 지금도 천체망원경(광학)이라고 하면 이 형태를 말한다.

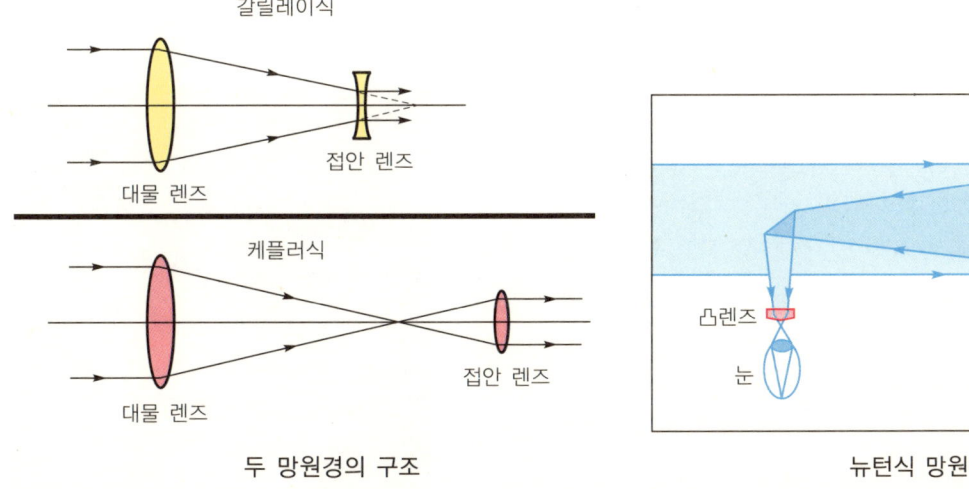

두 망원경의 구조　　　　　　　뉴턴식 망원경

제2장 태양계에서 은하계로

★ 역사에 남은 유명한 망원경

우주의 발견사에서 많은 활약을 한 유명한 망원경을 소개한다.

☆ 윌슨 산(Mt. Wilson) 천문대 100인치(2.54m) 반사망원경

제3장(p.152)에서 등장하는 허블이 은하의 수수께끼나 우주의 탄생에 관련한 대발견을 한 망원경. 1917년에 완성해 약 30년에 걸쳐 세계 최대의 망원경으로서 그 이름을 알렸다. 허블의 법칙을 발견한 것도 이 망원경에 의해서였다.

☆ 팔로마 산(Mt. Palomar) 천문대 200인치 (5.08m) 반사망원경

1948년에 완성해 윌슨 산 천문대로부터 '세계 최대'의 칭호를 빼앗은 후, 27년에 걸쳐 계속 정상을 차지하고 있는 망원경. 100개 이상의 소행성을 발견하는 등 뛰어난 성능으로 20세기 천문학을 리드해 왔다.

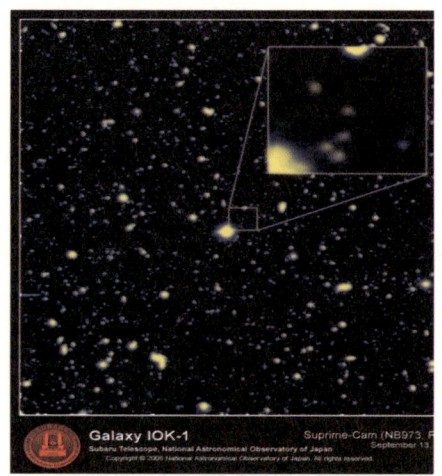

128억 8,000만 년 떨어진 은하

☆ 허블 우주망원경

1990년 스페이스 셔틀에서 쏘아 올려져, 지상으로부터 약 600km 높이의 궤도상을 도는 인공위성형 망원경. 구경은 2.4m로 팔로마 산 천문대의 절반 이하이지만, 대기나 기후의 영향을 받지 않는 고정밀도의 천체 관측이 가능하다. 태양계 외 행성의 존재를 처음으로 증명하고, 은하계의 암흑물질의 존재를 밝히는 등 대발견을 계속하고 있다.

☆ 일본 국립천문대 하와이 관측소 스바루망원경

일본 국립천문대가 1999년에 완성시킨 세계 최대의 광학 적외선 망원경으로 구경에 맞춘 주반사경의 직경은 8.2m이다. 원래 이 사이즈가 되면 거울 자체의 무게로 뒤틀려 버리지만 그것을 정비한 기술을 미츠비시 전기가 완성시키면서 실현됐다. 천체 관측사상 가장 먼 128억 8,000만 광년이나 떨어진 은하를 발견하는 등 훌륭한 성과를 차례로 올리고 있다. 스바루망원경의 분해능은 도쿄에서 후지 산 정상에 있는 테니스 공을 분별할 수 있을 정도이다.

스바루망원경

★ 전파망원경은 무엇을 관측하고 있는 걸까?

광학 망원경 이외의 우주 관측 도구로서, 자주 들어본 것은 전파망원경이다. 하지만 '전파'로 대체 무엇을 조사하는 걸까?

전파도 빛(가시광선이나 적외선 등)과 같은 전자파의 일종이지만, 파장이 길기 때문에 빛과 같이 경로상의 물질에 의해 영향을 받기 힘들다. 이것은 바깥으로부터 들어오는 빛을 차단한 실내에서 휴대전화를 이용할 수 있는 것을 보면 알 수 있을 것이다.

우주공간에는 다양한 성간물질이 있다. 그 중에서도 암흑성운과 같이 빛을 흡수하는 천체가 있으면, 그 쪽에 무엇이 있는지 광학망원경으로 관측하는 것은 불가능하다. 이때 전파를 이용한다.

20세기 중반에 개발된 전파망원경은 천문학에 큰 진보를 가져왔다. 예를 들어 제3장에서 설명하는 빅뱅의 증

일본 노베야마 산 국립천문대의 45m 전파망원경

거라고 여겨지는 것을 발견한 것도 역사에 남는 성과 중 하나이다. 일본의 대표적인 전파망원경으로 노베야마 산(野邊山) 국립천문대의 '45m 전파망원경'이 있다. 45m는 안테나 부분의 직경으로, 15층 높이의 빌딩과 같은 정도이다.

국립천문대 사이트에 의하면 1982년에 이 전파망원경을 만드는 데 약 50억 엔, 세트로 사용하는 데 필요한 전파간섭계까지 포함하면 약 100억 엔이 들어, 국민 1인당 100엔 정도가 들었다고 한다. 그 결과 지구에서 100억 광년 이상 떨어진 은하의 관측에 성공해 "세계 전파망원경 개발사의 기록을 다시 썼다."는 말을 듣고 있다.

 '우주'의 크기를 측정하는 방법(2)

우주공간을 이용한 삼각 측량이라는 비법

● 태양까지의 거리를 조사한 2300년 전의 놀라운 발상

달까지의 거리는 지구상에서 기선을 잡아 삼각 측량에 의해 조사가 가능했다(p. 78참조). 그런데 '태양까지'의 거리를 측량하는 것은 좀처럼 쉽지 않다. 거리가 너무 멀기 때문이다.

먼저 답을 말해 버리자면, 태양까지의 평균거리는 약 1억 5,000만km로 지구의 직경의 1만 2,000배 정도가 된다. 삼각 측량으로는 작은 측정상의 오차가 크게 영향을 미치지만, 지구상에서 얻는 기선의 길이는 이것이 한계이다.

지구의 적도반경   6,378km(직경은 1만 2,756km)
지구~태양의 평균거리   1억 5,000만km

여기서 떠오르는 것이 제1장에서 등장한 아리스타르코스이다. 그가 달과 태양의 거리 차를 구할 때의 방식을 한 번 더 그림으로 나타내면 이렇다.

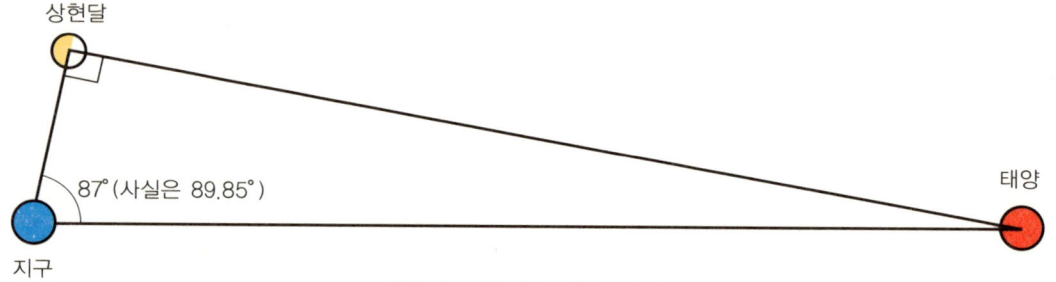

태양의 거리를 구하는 방법

보면 알 수 있듯이, 이것은 '지구 – 달'을 기선으로 한 삼각 측량이다.

유감스럽게도 당시의 측량 기술로는 달과 태양이 만드는 각을 87°로 측정해 태양까지의 거리는 달까지의 거리의 20배 정도라는 결론이 났지만, 지금의 기술을 사용하면 약 390배로 대략 실측값에 가까워진다. 지금으로부터 2300년 전에 이런 방법을 생각해 낸 아리스타르코스가 대단하게 느껴진다.

● **삼각 측량은 태양계 외의 항성의 거리까지 가르쳐 준다.**

아리스타르코스의 방법은 지구에서 나와 우주공간에 기선을 잡은 삼각 측량이지만, 그것이라면 달을 이용하는 것 보다 더 좋은 방법이 있다. 바로 지구의 공전반경을 이용한 방법이다.

말할 것도 없이 지구는 1년에 걸쳐 공전 궤도를 따라 한 바퀴 돈다. 따라서 반년마다 천체를 관측해 올려다보는 각도(앙각)를 조사하면, 그 수치로부터 거리를 구할 수 있는 것이다. 즉, 그 각도의 차를 반으로 나누어 '연주시차(年周視差)'라고 부르고, 그 시차가 1초(1초는 3,600분의 1도)인 천체까지의 거리를 1pc(parsec : 파섹)이라는 단위로 나타낸다. 다른 거리 단위와의 관계를 정리해 두자.

$$1pc(파섹) = 약\ 3.26광년 = 약\ 206,265AU$$
$$= 약\ 3.08568 \times 10^{16}m = 약\ 31조km$$

이 방법을 사용해 지상으로부터 관측할 수 있는 천체는 시차가 0.033초 정도(약 10만분의 1도), 거리로 하면 30pc, 100광년이 된다. 1989년, 유럽 우주기관에 의해 쏘아 올려진 고정도시차관측위성 히파르쿠스에 의해 500광년 정도까지 정확히 관측할 수 있게 되었다 (오차를 허용하면 1,000광년 정도까지 관측할 수 있다).

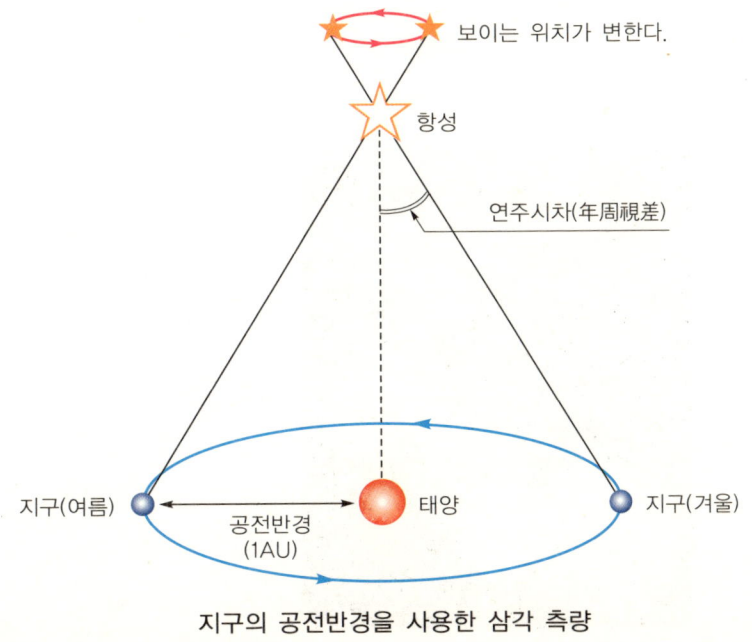

지구의 공전반경을 사용한 삼각 측량

가까운 우주인데 아직 수수께끼가 가득

태양계의 크기는 어느 정도일까?

2006년 명왕성(冥王星)이 행성의 카테고리에서 벗어났지만, 태양계를 구성하는 천체인 것에는 변함이 없다. 그렇다면 태양계라는 것은 어디까지를 나타내고, 또 어느 정도의 크기인 걸까?

먼저 가장 외측 행성인 해왕성까지의 거리(궤도 장반경)는, 지구와 태양의 거리를 1로 하여 천문단위로 말하면 30AU이다. 또 그 외측, 30~50AU의 범위에 있는 것이 카이퍼 벨트로 주로 얼음(물이나 메탄에 의한 것)으로 되어 있는 많은 소행성이 둘러싸고 있다. 반경 50km 이상인 것만 해도 7만 개 이상이 있다고 하며, 명왕성도 이 일부라는 설이 있다.

게다가 카이퍼 벨트에서부터 연속하는 모양으로 얼음과 암석으로 이루어진 1조 개 이상이나 되는 천체군이 있는데, 이것을 '오르트(Oort) 구름'이라고 부른다. 범위는 50AU부터 10만AU로 해왕성의 궤도반경의 약 3,300배이다.

대개 이 주변까지가 태양의 중력이 미치는(천체에 영향을 미치는) 한계로 '태양계'라고 말할 수 있다. 반경은 약 1.6광년으로, 어떤 빠른 우주선으로 여행해도 탈출할 때는 그 이상의 시간이 걸리게 된다.

여담이지만, 태양계는 영어로 Solar System이라고 하는데, 왠지 태양광 발전 장치 같은 이름이다.

×3,300 ?

제3장
우주는 빅뱅으로 생겨났다

★3-1 우주라는 바다에 뜬 섬 '은하'

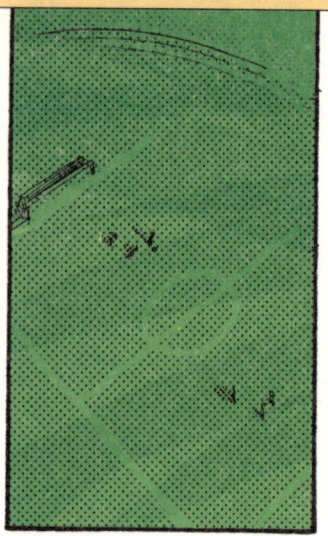

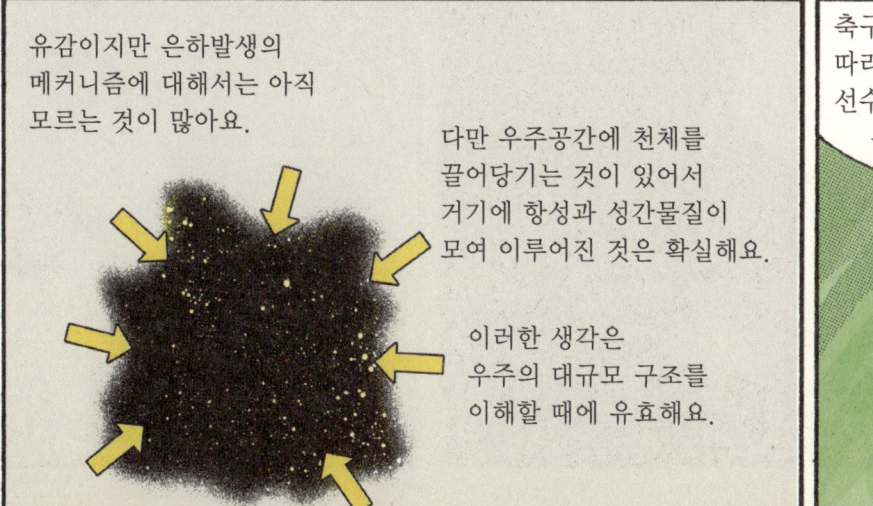

'우주의 대규모 구조'란?

우리가 사는 세계가 '집<집락<마을·읍내·시<현<나라'라는 계층적인 집단 구조를 가지는 것과 같이, 우주에도 계층적인 대규모 구조가 있다는 예측은 이전에 얘기한 칸트를 비롯한 많은 사람이 했다. 그러나 그것이 분명해진 것은, 은하계 이외의 은하의 존재가 확실해지고부터이다. 그리고 그 후의 관측이나 연구에 의해, 은하도 몇 개가 모여서 그룹을 만들어 위의 계층을 형성하고 있다는 것을 알았다.

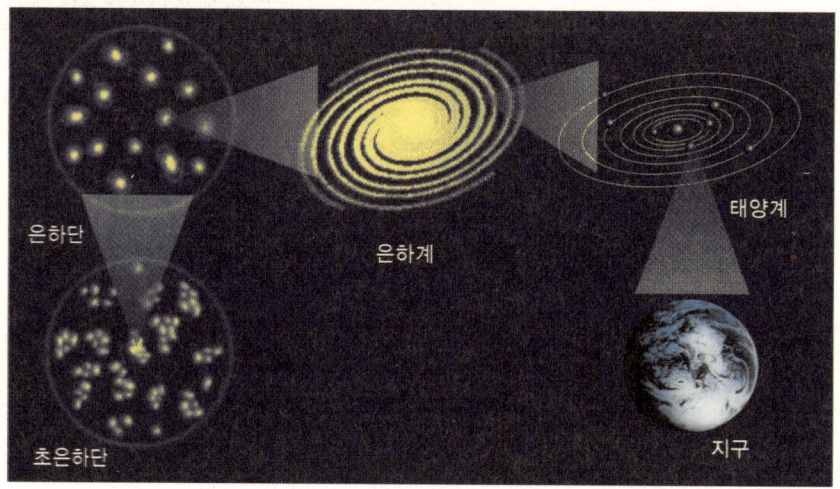

우주의 대규모 구조

● 행성계(Planetary System)

태양계와 같은 항성을 중심으로, 행성, 소행성, 위성, 혜성 등이 하나의 '계(系)'를 형성하고 있는 것이다.

● 은하(Galaxy)

수백 억부터 수천 억의 항성과 성간물질 등(암흑물질을 포함)이 중력적인 통합에 의해 형성하고 있는 천체. 우주공간이라는 바다에 떠있는 섬과 같은 존재여서, 섬우주 또는 소우주라고도 부른다. 우리의 태양계가 속한 은하만을 '은하계(The Galaxy)' 또는 '우리 은하(Milky Way Galaxy)'라고 부른다.

● 은하군(Group of Galaxies) · 은하단(Cluster of Galaxies)

다수의 은하가 중력적으로 통합된 집단을 말한다. 이때 포함되는 은하가 50개 정도까지의 것을 은하군, 그 이상(수백부터 수천)의 것을 은하단이라고 부른다. 우리 은하계는 안드로메다 은하나 대소 마젤란 은하를 포함한 것으로 30~40개 정도의 은하에 의해 만들어진 '국소은하군*(The Local Group)'에 속해 있다. 국소은하군에서 가장 가까운 은하단은 약 6000만 광년 떨어진 '처녀좌 은하단'으로, 직경은 약 1200만 광년이다.

● 초은하단(Super Clusters of Galaxies)

수만 개의 은하군과 은하단이 모여 수억 광년의 넓이를 갖는 것을 말한다.

이러한 대규모 구조를 만들면서, 그래도 "은하가 우주 속에 똑같이 분포되어 있다."는 것이 일찍이 천문학의 중론이었다. 우주에 특별한 장소가 없다는 우주원리로 말해도, 그렇게 될 것이라 봤다.

그런데 1980년대에 들어, 우주공간에 은하를 완전히 관측할 수 없는 영역이 발견되었다. 그 크기는 약 1억 광년 이상으로 더 조사해가면, 이 공동(보이드, 허공)은 거품과 같이 이어져 그 표면에 은하군이나 은하단(즉 은하)이 분포하고 있는 것을 알게 되었다.

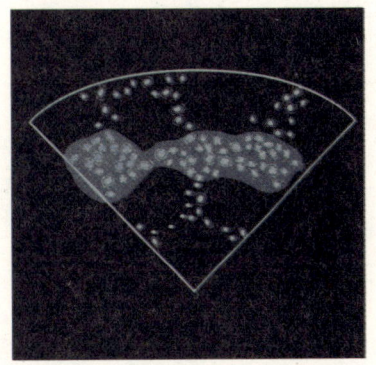

그레이트 월

1989년, 이 은하의 분포가 중국의 만리장성과 같이 길게 연속된 것처럼 보였기 때문에, 하버드 스미스소니안(Smithsonian) 천체물리학 센터의 마가렛 게라와 존 하크라에 의해 영어명인 그레이트 월(The Great Wall)이라고 명명되었다. 길이가 5억 광년, 폭이 2억 광년이나 되는 거대한 것으로, 당시에는 이것이 우주 안에서 가장 큰 구조로 여겨졌다.

그런데 2003년 10월 20일, 이것과는 다른 구조의 새로운 그레이트 월이 발견되었다. 지구에서의 거리는 약 10억 광년, 길이는 14억 광년으로, 규모로는 1989년에 발견된 것보다 약 3배 이상이었다. 즉, 지금은 이쪽이 최고 기록이다.

명칭으로는 1989년의 것을 'CfA2 Great Wall', 2003년의 것을 'Sloan Great Wall'이라고 불러 구별하고 있다.

* '국부은하군'이라고 할 때도 있다.

★3-2 허블의 대발견

■ 윌슨 산 천문대(Mount Wilson Observatory=MWO)
미국 캘리포니아주 로스앤젤레스에 있는 천문대로, 표고 1,742m의 윌슨 산 정상에 위치해 있다. 북아메리카에서는 가장 대기가 안정된 장소 중 하나로 알려져, 1902년에 건설되었다.

우주 초기 이야기
'허블의 대발견(1)'

1923년
윌슨 산 천문대

제3장 우주는 빅뱅으로 생겨났다 　153

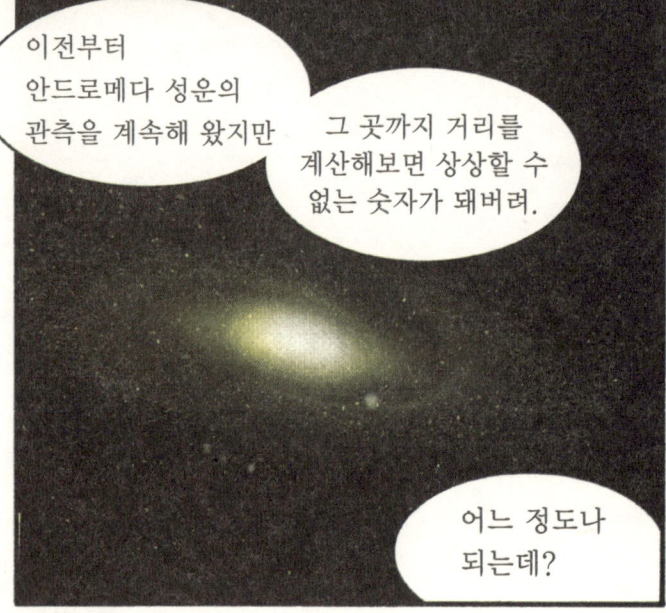

※ 커티스와 셔플리라는 미국의 두 천문학자 사이에서 행해진 "안드로메다 성운이 은하계의 바깥쪽에 있는가?"에 대한 논쟁. 현재 은하계의 직경은 10만 광년 정도라고 생각되고 있다.

연구가 진행되어 태양계, 은하계와 우주가 확장되고 있어도 우리가 있는 지구가 우주의 중심이라고 생각하고 싶었던 거네요.

천동설을 오랜 기간 믿고 있었던 것도 인정(人情)에 의한 것이었죠.

안드로메다가 '은하'가 아니라 '성운'이라고 불리는 것은 왜 그런 거예요?

100년 정도 전까지는 안드로메다는 항성이 생기는 도중의 단계에 있는 것이라고 생각되었어요.

과거에 '안드로메다 성운' 이라고 불렸던 것은 그 때문이죠.

은하의 일부라고 생각되었던 안드로메다가 실은 90만 광년도 넘게 떨어진 것이라는 걸 알아챈 것은 대단한 거지.

에, 그러나 90만 광년이란 것은 정확한 숫자는 아니고 약 252만 광년이라는 것이 최근의 연구에서 밝혀졌어요.

252만 광년

어?

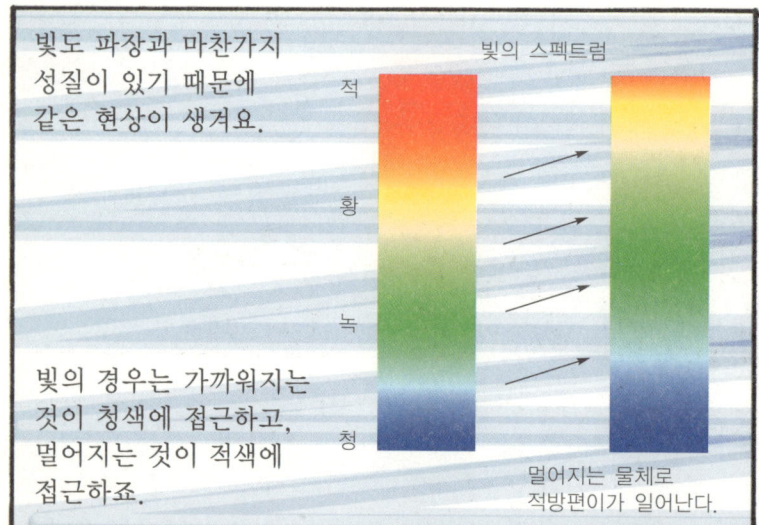

★3-3 우주가 팽창하고 있다면…

 그럼, 좀더 자세하게 설명해보죠.

   부탁합니다.

 여러분은 화학 수업에서 불꽃반응이라는 것을 배웠나요?

 배웠었나?

물질을 불꽃에 넣으면, 포함된 원소에 따라 색이 변하는 현상이야.

 소금은 나트륨을 포함하기 때문에 노란색이 되고, 구리는 청록색이 돼요.

 소금은 황색

 구리는 청록

 그래요. 원소는 그 구조에 의해 특정한 파장의 빛을 발하거나, 거꾸로 흡수되기도 해요. 따라서 천체에서의 빛을 프리즘으로 파장에 의해 나누어 무지개와 같이 분석하면, 그 천체에 포함된 물질을 조사할 수 있어요.

 스펙트럼은 별에 따라 다른가요?

아니, 항성을 만들고 있는 물질은 서로 비슷하기 때문에 타입에 의해 몇 개의 패턴이 있어요. 그렇기 때문에, 닮은 듯한 항성이라면 스펙트럼은 거의 같아지는데, 슬라이퍼(p.156 참고)는 파장에 적방으로의 엇갈림이 생기는 것을 발견한 거예요.

※항성의 화학조성은 질량비로 해서 수소 : 헬륨＝3 : 1로, 이 비율은 어느 별에서도 거의 변하지 않는다.

그렇다면 소금이라면 황색에 접근하고 구리라면 청록색에 접근하게 된다는 거네요.

그럼, 허블이 아니라 허블에게 데이터를 준 슬라이퍼라는 사람이 우주가 확장되고 있다는 것을 눈치 챈 것 같은데…

하지만 슬라이퍼는 미국에서도 그렇게 유명한 사람은 아니야.

그는 적방편이가 일어난 것에서 많은 은하가 우리로부터 멀리 떨어져 있다는 것은 생각했지만, 그것을 단순한 천체의 운동이라고 생각했던 거예요. 그러나 허블은 거리와 적방편이의 상관관계를 조사해, 멀리 있는 은하는 그만큼 빠르게 멀어지고 있다는 사실을, 우주팽창론에 연결시켰던 거죠.

멀리 있는 만큼 빠르게 멀어지면, 어떻게 팽창하고 있는 거죠?

그건 풍선에 3개의 표시를 해서 불어보면 알 수 있어요.

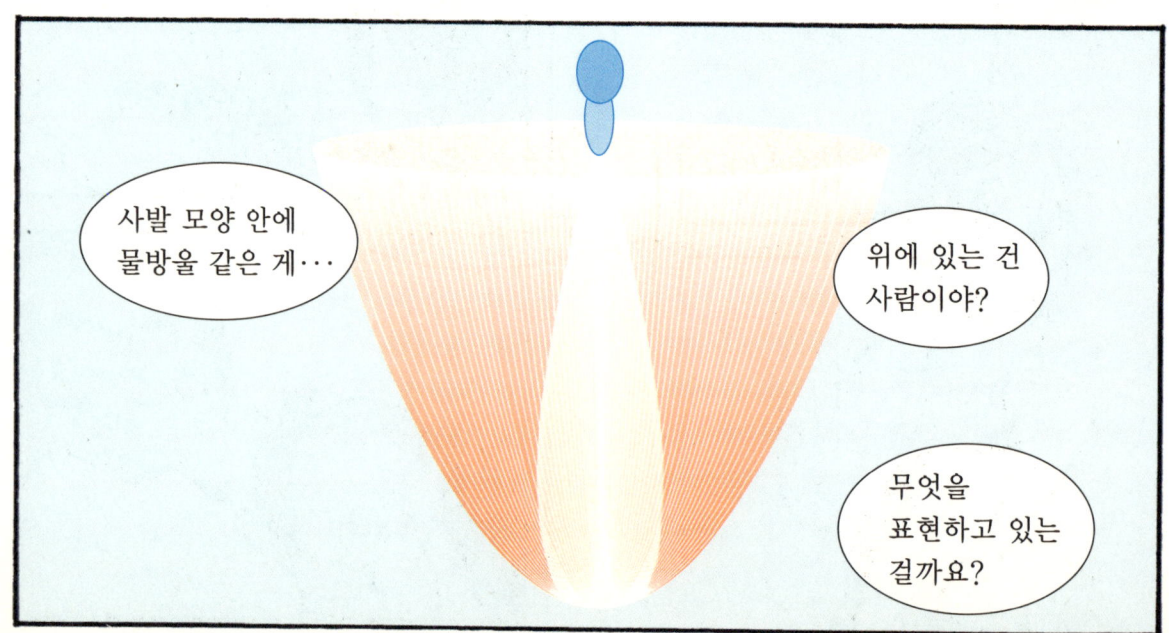

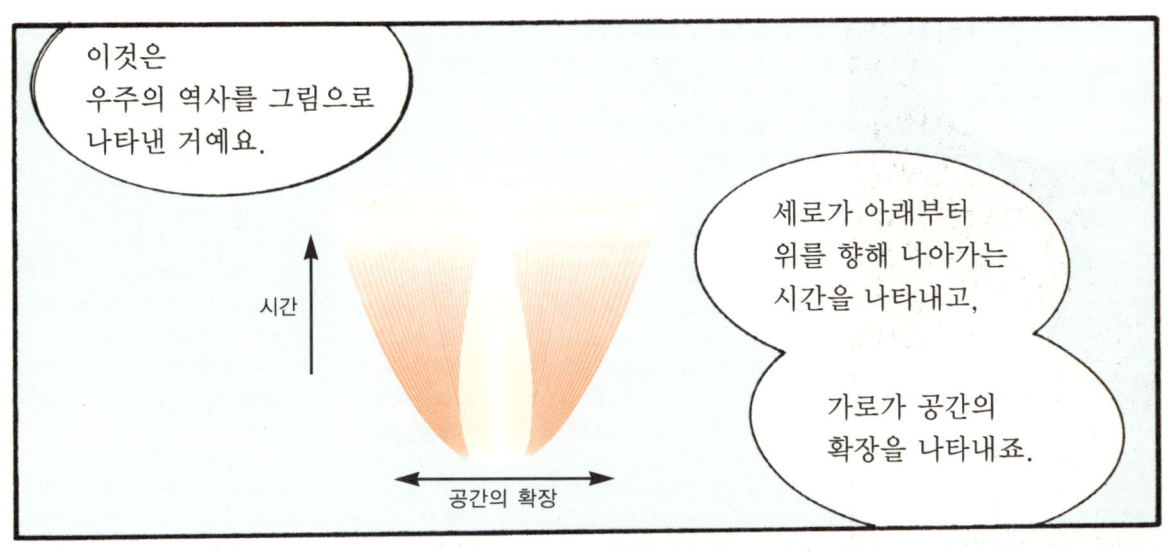

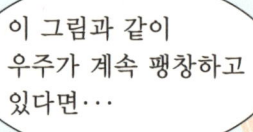

★3-4 모든 것은 빅뱅으로부터 시작됐다

 도대체 빅뱅이란 것은 언제부터 생겨난 것인가요?

 팽창 속도로부터 역산해보면, 137억 년±10억 년 정도예요.

 잠시만요! 취재의 기본은 시간만이 아니라 장소까지 정확하게 듣는 거예요. 그럼 교수님, 빅뱅은 어디에서 일어난 건가요?

 너, 무슨 말을 하고 있는거야! 빅뱅 후에 처음으로 우주공간이라는 '장소'가 생겨났기 때문에, 그 전의 단계에서 '어디' 따위의 장소는 있을 수 없어.

 장소가 없어?

 이해하기 어렵죠. 빅뱅은 원래 공간이 있는 곳에서 폭발적인 현상이 일어난 것이 아니라, 빅뱅에 의해 공간이 생겨난 거예요. 그뿐만 아니라, 물질도 시간도 모두 여기에서 시작되었어요. 그래서 '어디?'라고 하면, 우리가 있는 우주의 모든 장소가 빅뱅의 현상이라고 말할 수 있는 거죠.

 즉, 좀 전에 풍선을 부풀린 실험에서 풍선이 부풀려진 후에 "팽창 전의 풍선은, 커진 풍선의 어느 부분에 해당하는 걸까?"라고 생각했을 때 답할 수 없는 것과 같아.

허블의 우주팽창설은 불완전했다?!

우주의 팽창을 발견한 것으로 알려진 허블이지만, 그가 이러한 생각을 하기 시작한 당시에는 주변의 사람들, 특히 천문대 내의 연구자들로부터 맹반발을 받았을 가능성이 높다. 오죽하면, "허블 자신도 상당히 신중하게 그 생각을 숨겼다."고 쓰여져 있는 책이 있을 정도이다.

그럼에도 불구하고 우주의 팽창속도를 정하는 수치를 허블 상수라 하고 'H_0'로 나타냈는데, 이것을 그는 500km/(sec·Mpc)이라고 구했다(숫자나 단위는, 여기에서 그다지 신경쓰지 않아도 된다).

이것은 현재 알고 있는 수치 72km/(sec·Mpc)의 약 7배로, 만약 이 숫자로부터 후에 빅뱅이라고 불리는 우주개벽, 즉 우주의 시작이 있던 시기를 계산하면 기껏해야 20억 년 전이 된다. 암석이나 화석으로 얻어진 지구의 연령은 약 46억 년이기 때문에, "우주가 지구보다 어리다."는 얘기가 되어버리니 명백한 모순이다.

결국, 허블 자신이 올바른 허블 상수를 구할 수 없었기 때문에 우주팽창설이 증명될 수 있을 때까지는 꽤 시간이 걸렸던 것이다.

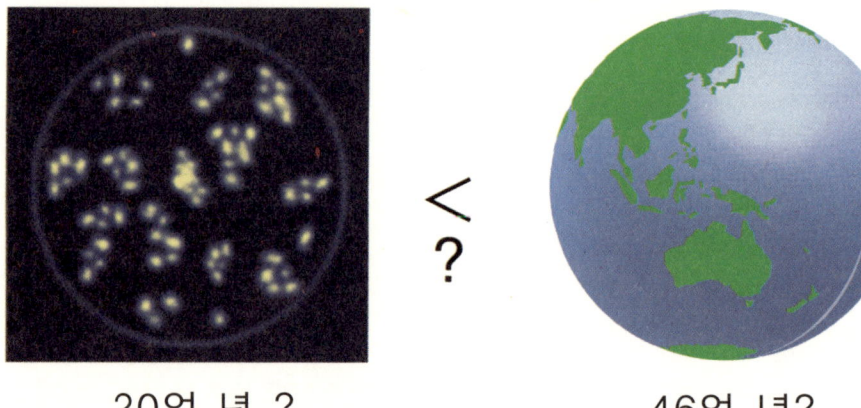

20억 년 ?   46억 년?

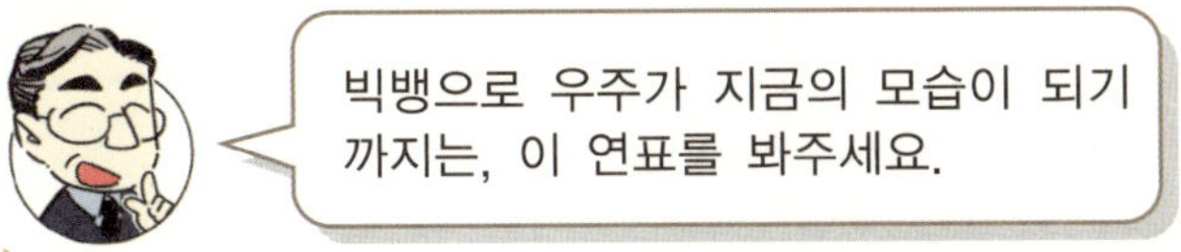

빅뱅으로 우주가 지금의 모습이 되기까지는, 이 연표를 봐주세요.

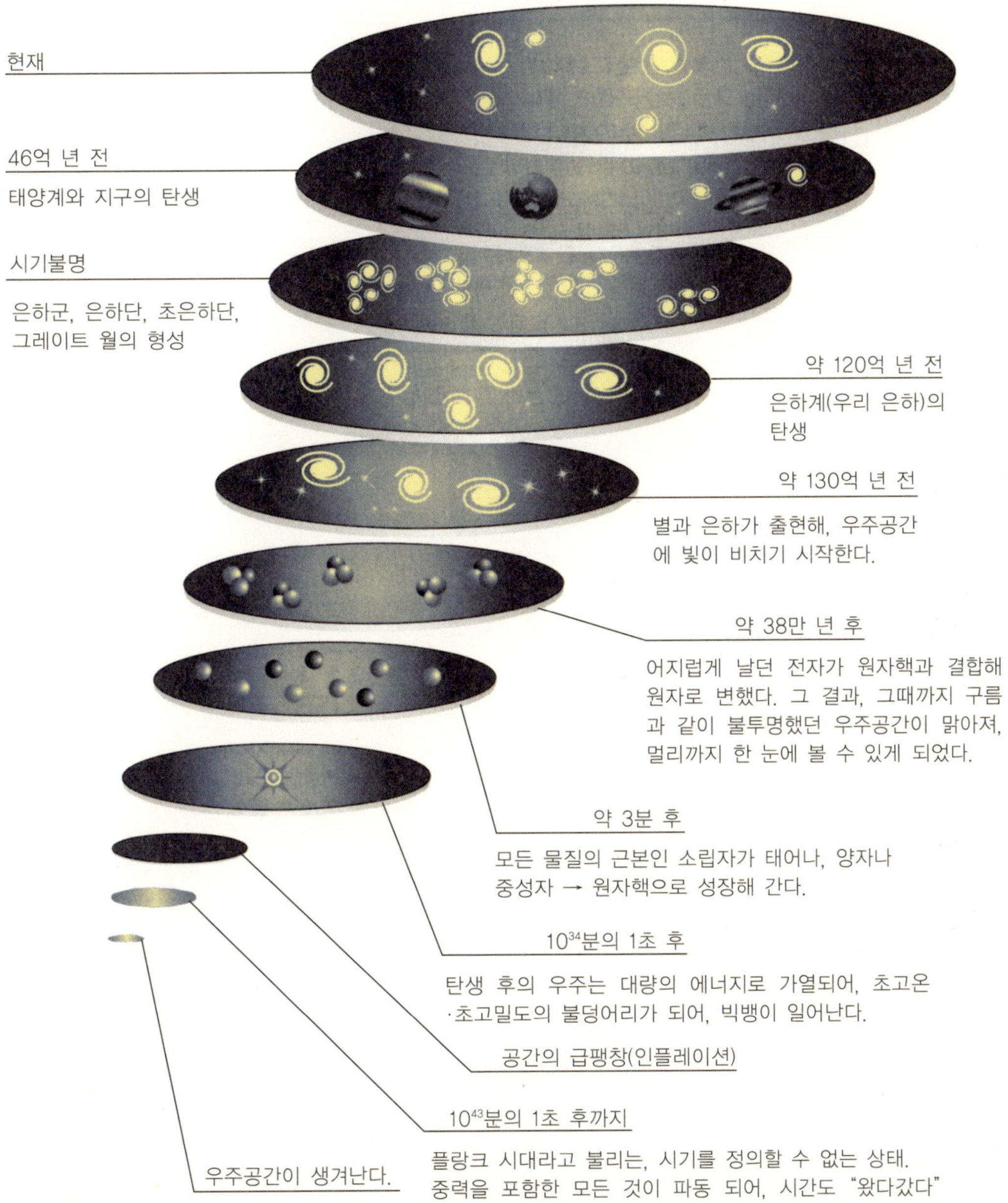

현재

46억 년 전
태양계와 지구의 탄생

시기불명
은하군, 은하단, 초은하단, 그레이트 월의 형성

약 120억 년 전
은하계(우리 은하)의 탄생

약 130억 년 전
별과 은하가 출현해, 우주공간에 빛이 비치기 시작한다.

약 38만 년 후
어지럽게 날던 전자가 원자핵과 결합해 원자로 변했다. 그 결과, 그때까지 구름과 같이 불투명했던 우주공간이 맑아져, 멀리까지 한 눈에 볼 수 있게 되었다.

약 3분 후
모든 물질의 근본인 소립자가 태어나, 양자나 중성자 → 원자핵으로 성장해 간다.

10^{34}분의 1초 후
탄생 후의 우주는 대량의 에너지로 가열되어, 초고온·초고밀도의 불덩어리가 되어, 빅뱅이 일어난다.

공간의 급팽창(인플레이션)

10^{43}분의 1초 후까지
플랑크 시대라고 불리는, 시기를 정의할 수 없는 상태. 중력을 포함한 모든 것이 파동 되어, 시간도 "왔다갔다" 하고 있다고 생각하는 학자도 있다.

우주공간이 생겨난다.

우주연표

 빅뱅 전에도 우주의 역사는 있었나요?

 이 부분은 아직 완전히 밝혀지지 않고 있어요. 특히 우주 탄생부터 10^{43}분의 1초 간은 플랑크 시대라고 불리는데, 이때에는 시계의 기능을 하는 것이 전혀 존재하지 않았죠. 그래서 그 사이에 무언가 일어나 우주가 어떻게 진화했는지를 기술하기 위한 물리학이 아직 만들어지지 않았어요. 그러니까 우주가 만들어졌다고 생각했고, 어느 사이엔가 10^{43}분의 1초가 지난듯한 상태가 되었다고밖에 말할 수 없어요.

 교수님께서도 잘 모르시는 게 있네요!

 왠지 기뻐하는 거 같은데!

 모르는 것이 정말 많아요. 이 우주 탄생이라는 것을 좀 전 풍선 이야기에 빗대어 말하면 고무가 태어난 시점과 같아요. 그러나 그 고무가 어떻게 급격하게 팽창하였는지는, 다양한 가설이 있기 때문에 단정적으로 말할 수 없는 거죠.

 그것이, 이 인플레이션 우주(inflation uniserse)라고 불리는 시기네요.

 일본 우주물리학자의 대부분은 최근 우주의 충만한 에너지에 의해 인플레이션이 일어나, 그 후에 빅뱅이 일어났다고 생각하는 것 같아요.

 교수님도 그렇게 생각하고 계시나요?

 인플레이션 우주론에 찬성하는 부분도 있지만, 단지 우주는 완전히 아무 것도 아닌 '무(無)'의 상태에서 탄생해, 거기에서 공간만이 아니라 시간까지 태어났다고 하는 설에는 다른 의견도 있어요.

 시간은 다른 건가요?

우주 탄생 직후에 플랑크 시대가 있었기 때문에 "여기에서 시간도 태어났다."고 말하는 것이지만, 저는 그전에 정말로 시간이 없었다는 것을 의미한다고 생각하지 않아요. 왜냐하면 우주가 존재하지 않았던 상태에서 우주 탄생이라는 변화가 일어났기 때문에 이러한 '변화'를 통칭해 시간이라고 말한다면, 초공간에 초연하게 흐르는 시간이 있어도 이상하지 않기 때문이에요. '우주 탄생에서 태어난 시간은 어디까지나 우주의 고유시간으로, 그 기원이 되고 있는 초시간은 우주의 유무에 관계없이 존재하고 있다.' 이렇게 생각해도 좋지 않을까요?

 초공간에서 무수한 우주가 탄생한다고 가정하면 확실히 초시간은 존재하는 듯해요.

빅뱅 우주론이 입증된 3가지 이유

빅뱅 우주론도 처음에는 당치도 않은 설이라고 생각되었지만, 그 후의 관측에 의해 확실한 증거가 발견되면서 지지자들을 늘려갔다. 대표적인 '증거'를 설명한다.

● 빅뱅의 증거(1) '우주 마이크로파 배경 방사'

1964년 우주로부터 오는 전자파를 관측하고 있던 미국 벨 연구소에서, 특정한 파장의 마이크로파가 우주공간의 모든 방향에서 오는 것을 발견하였다. 이것은 빅뱅이 일어난 지 약 38만 년 후로, 그때까지 자유롭게 뒤섞여 날고 있던 전자와 양자가 결합하기 시작한 시대의 우주공간의 온도(약 3,000K)에 의존한다. '원자가 생성된 공간이 투명하게 될 때(우주가 맑게 개임) 3,000K의 열에 의해 방사된 전자파는, 그 후 우주팽창에 의해 현재는 절대온도 약 3K라는 일정한 온도를 나타내는 주파수 분포로 우주공간이 도달하는 데 존재한다.'는 것이 빅뱅 우주론을 주장해 온 학자의 가설이고, 2.725K라는 관측결과가 그것을 증명한 것이 된다.

우주 마이크로파 배경 방사는 1989년에 NASA가 쏘아올린 우주 배경 방사 탐사위성(COBE)에 의해 상세하게 조사되어, 마이크로파 방사의 등방성이 확인되었다.

● 빅뱅의 증거(2) 'WMAP 위성의 측정'

2001년에 NASA가 쏘아올린 WMAP 탐사기(윌킨슨 마이크로파 이방성 탐사기)는 우주 마이크로파 배경 방사의 온도를 전체에 걸쳐 조사 관측했다. 그 데이터를 해석한 후 우주가 가진 중력원 혹은 구성체는 70% 이상이 다크 에너지(진공 자체가 갖는 에너지)로, 물질은 나머지의 약 30%에 지나지 않는 것을 알았다. 요컨대 물질의 대부분이 암흑물질로 우리에게 친근한 바리온 물질(양자, 중성자, 전자로 이루어진 통상의 물질)은 4% 정도밖에 없는 것으로 알려졌다. 이 결과는 우주 탄생 직후에 급격한 팽창이 있었다고 주장하는 인플레이션 이론과 꼭 들어맞는다.

● 빅뱅의 증거(3) '항성의 화학조성'

다양한 관측결과에 의해 항성의 화학조성이 '수소 : 헬륨＝3 : 1'이라는 것을 알게 되었다. 그러나 가벼운 원소의 대표인 수소와 헬륨이 이러한 비율로 대량으로 있는 이유를 설명하는 데에는, 빅뱅 이론에 기초한 우주의 탄생사에 의해 전자나 양자, 중성자가 결합했다고 생각하는 것이 가장 합리적이다.

제3장 우주는 빅뱅으로 생겨났다

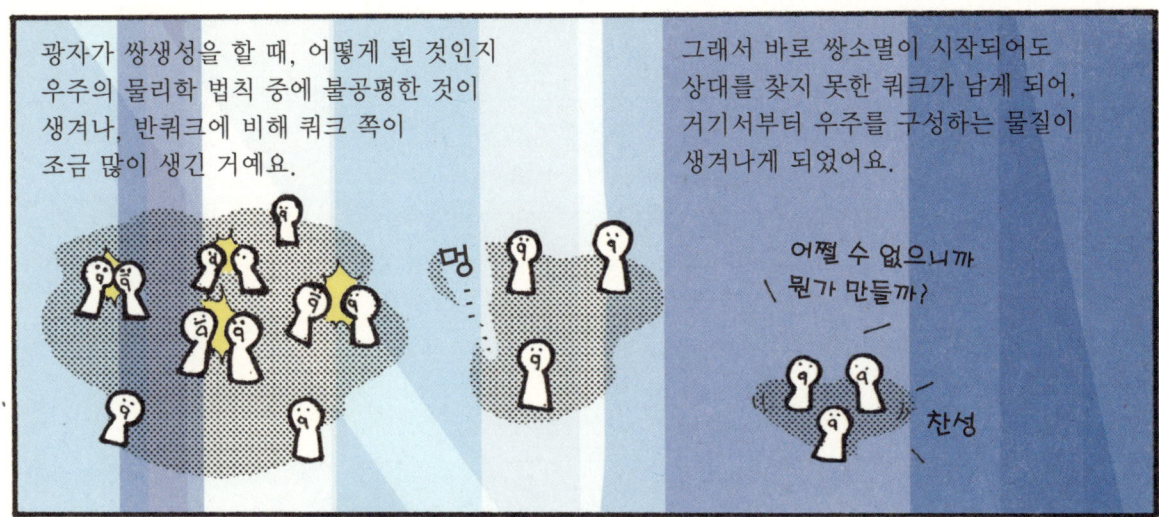

※ 2008년 노벨 물리학상을 수상한 3인, 난부 요이치로(南部陽一郎) 박사, 코바야시 마코토(小林誠) 박사, 마츠가와 토시히데(益川敏英) 박사의 연구는, 확실히 이 수수께끼를 푸는 힌트가 될 것이다.

 빅뱅이 일어나고부터 약 3분 후, 공간의 확대가 진행되고 온도는 9억℃ 정도까지 내려가죠.

 터무니없는 고온이네요.

 하지만 그 전에는 1,500억℃일 때도 있었으니까, 꽤 내려갔다고 말할 수 있지.

 이 정도의 온도가 되면, 가장 심플한 원소인 수소나 헬륨의 원자핵이 생겨나요. 즉 물질의 탄생이죠. 하지만 그 분포는 결코 균등하지는 않았어요.

 즉, 농도가 일정하지 않았단 거네요.

 어째서 그렇게 된 걸까요?

 이것도 잘 몰라요. 단지 자연계의 다양한 현상을 보면, 완전히 균질한 상태인 것은 거의 없어요. 그럼 사고(思考) 실험을 해봅시다.

 머리 속에서 상상하면서 하는 실험이요?

 그렇죠. 예를 들어, 지금 넓은 마루에 많은 공을 흩뿌리면, 어떻게 될까요?

 확실히, 균질하게 퍼지지는 않네요. 공이 밀집되어 있는 곳과 별로 없는 곳이 생겨요.

 마루에 울퉁불퉁한 곳이 있으면, 멋대로 굴러가 버려서 큰일이네요~

 그건 이야기가 다르잖아!

 아니, 그것도 고찰에 넣어도 좋아요. 갑자기 우주의 탄생과 함께 물질이 생기기 시작할 때, 공간에 있는 중력의 크기는 어디든 똑같지 않고 들쭉날쭉하죠. 그러면 중력이 큰 곳에는 보다 많은 물질이 모여 있어요. 한 번이라도 이러한 현상이 일어나면, 더 이상 균질한 분포는 기대할 수 없죠. 왜 이렇다고 생각해요?

 동료가 모인 곳에는 좀더 많은 동료가 모여요!

 딩동댕! 물질이 모이면 만유인력의 법칙에 의해 거기에 좀 더 많은 물질이 모여 들어요. 이렇게 해서 은하나 은하단이 생긴다고 생각할 수 있는 거죠.

제3장 우주는 빅뱅으로 생겨났다 **183**

 그렇게 되면 우주에는 초대형 별이 한 개밖에 없고, 다른 건 아무 것도 없는 공간이라는 얘기가 되는 건가요?

 만약 전우주의 물질이 한 개의 장소에 모인다면, 그 곳의 중력은 터무니없이 커지기 때문에 빛도 도망칠 수 없는 거대한 블랙홀이 되겠죠. 좀 전의 예에서 말하면, 많은 공이 한 개의 장소에 너무 모이면 그 중량으로 마루에 구멍이 뚫려버리는 것과 같은 거예요.

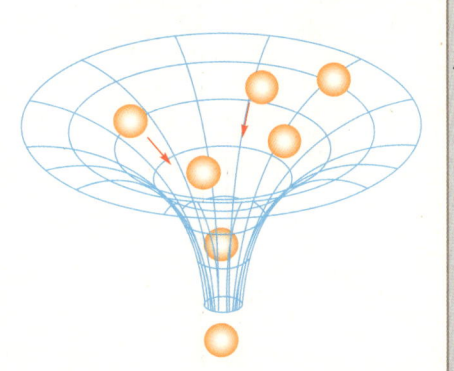

 그런 우주는 싫다.

 절대로 싫어!

 그래요. 결국 이 이야기는 상상에서 나온 것이지만, 우주는 그렇게 얕게 패인 곳이 무수히 존재하기 때문에 공이 1개의 장소에 집중되는 일은 일어나지 않고, 별이나 블랙홀이 공존해 최종적으로 은하나 은하단, 그리고 그레이트 월 같은 대규모 구조를 형성하도록 팽창을 계속한다고 생각할 수밖에 없어요.

 아직도 수수께끼가 가득하네요.

제3장 우주는 빅뱅으로 생겨났다

☆ 우주인은 있는 걸까, 없는 걸까?

★ '우주원리'가 시사하는 우주인의 존재

지금까지 만화로 우주에 관해 꽤 많은 것을 알게 되었다고 생각한다. 제4장에서는 드디어 우주의 끝이 어떻게 되어 있는지를 설명해 가겠지만, 그 전에 우주에 관해서 많은 사람이 느끼는 의문인 "우주인이 있는 걸까?"에 대해서도 생각해 보자.

처음부터 결론을 말하자면, 우주에 대해 연구하고 있는 과학자들의 대부분은 어딘가에 인류와 같은 지적 생물이 있다고 믿고 있다. 그 근거가 된 것이 우주원리이다.

우주원리란, 커다란 스케일로 보면 우주는 어디서나 일정하고 특별한 장소는 존재하지 않는다는 사고방식이다. 인류는 처음에 지구를 우주에 있어서 '특별한 장소'라고 굳게 믿었고, 그 결과 천동설이 생겨났다. 그러나 우주 관측의 결과를 보다 합리적으로 설명해 가는 과정에서 태양중심설, 지동설로 진보했고, 이것은 결국 '우주는 어느 곳이나 균질하고 동일'하다는 결론을 향해 달려온 것이다.

이 패턴에서 말하면, 태양계의 지구라는 행성에만 생명이 탄생한다는 설은 근거를 잃었다. 우리의 지구는 결코 특별한 장소가 아니며, 당연히 우주의 다른 곳에도 지구와 닮은 환경이 있고, 생명이 태어나 진화하고 있음에 틀림없다. 즉, 우주인은 반드시 있다는 것이다.

★ 지구 외에 생명의 수를 계산할 수 있는 방정식이 있다

대략적으로 우주원리는 옳고 우주인이 어딘가에 있다는 것은 확실하지만, 문제는 어느 정도의 밀도로 생명이 존재하는 것인가이다.

이것에 대해서 1961년, 미국의 천문학자인 프랭크 드레이크(Frank Drake ; 1930~)는 재미있는 방정식을 발표했다(드레이크의 방정식). 이것을 계산함으로 은하계 속의 지구 외 생명이 어느 정도 분포하고 우리와 교류할 수 있는지, 추정할 수 있다는 것이다.

$$N = R_* \times f_p \times n_e \times f_l \times f_i \times f_c \times L$$

N : 우리 은하 내에 존재하는 통신 가능한 지구 외 문명의 수
R_* : 우리 은하 내에서 항성이 형성되는 속도
f_p : 행성계를 갖는 항성의 비율
n_e : 한 개의 항성계에서 생명의 존재가 가능한 범위에 있는 행성의 평균 수
f_l : 상기의 행성에서 생명이 실제로 발생할 확률
f_i : 발생한 생명이 지적 생물체로 진화하는 비율
f_c : 그 지적 생명체가 성간(星間) 통신을 행하는 비율
L : 성간 통신을 하는 것 같은 문명의 추정존속기간

계산하는 데에는 문자로 기록된 각 파라미터(변수)를 정해야만 하는데, 실은 이것이 큰 작업이다. 요컨대, 확실하지 않은 것이 많다는 것이다. 그러나 드레이크가 1961년에 이용한 수치를 넣으면, N은 1보다 확실히 크게 된다. 즉, 은하계 내에는 지구 이외에도 고도로 진화한(적어도 통신기술을 가지고 있는) 생명체가 다수 있다는 것이 그의 결론이다.

뭔가 속은 듯한 기분이 드는 방정식이지만, 칼 세이건(1934~1996)을 비롯하여 많은 학자는 드레이크의 생각을 대략 인정하고, 은하계 내의 지구 외 생명의 수에 대해서도 "지구인이 교신할 수 있는 가능성은 충분하다."고 하고 있다(단, 계산으로 구해진 N은 10부터 100만까지 다양). 즉, 우주인은 의외로 가까운 곳에 있는 듯하다.

★ 세계적인 물리학자가 발표한 우주인에 대한 의문

은하계에는 태양계와 같은 행성계가 2,000억~4,000억 개나 있기 때문에, 지구와 닮은 환경을 가진 행성이 있어서 생명을 기를 수 있다고 해도 이상할 것은 없다. 그러나 그런 낙관적인 예측에 정면으로 반대한 사람도 있다. 이탈리아 출신의 물리학자 페르미(Enrico Fermi ; 1901~1954)로 세계 최초로 원자로를 만든 노벨 물리학상 수상자이다.

그는 1950년 어느 날, 동료 과학자들과 점심을 먹으면서 우주인의 존재에 대한 논의를 시작했다. 드레이크의 방정식이 발표되기 11년 전의 일이지만 그래도 당시의 천문학자들은 지구 외 문명 존재의 가능성을 크게 확신하고 있었고, 페르미와 같은 다른 분야의 학자에게도 관심있는 테마였다.

그때 드레이크와 같이 다양한 파라미터로부터 지구 외 생명의 가능성을 생각하고 있던 페르미가 갑자기 이렇게 물었다.

"우주인을 생각하는 것은 좋지만, 그래서 그들은 어디에 있는 거야?"

소박한 의문이지만 지적할 만하다.

은하계에 많은 지구 외 문명이 있다고 하면, 그들의 우주선과 만나는 것은 어려울지라도 방송이나 통신에 사용되는 전파 정도는 발견될 법도 하다. 그러나 그런 흔적은 지금까지도 전혀 발견되지 않았다.

페르미는 물리학의 이론으로 많은 역사적인 공적을 이루었을 뿐만 아니라, 실험으로도 업적이 있는 '사고와 행동'의 사람이다. 아무리 생각을 순환시켜도 접촉의 증거가 없는 이상 '이웃 우주인'은 없다는 것이 된다. 이것을 페르미의 패러독스라고 한다.

그 후, 드레이크의 방정식 등을 사용해 지구 외 생명 존재의 가능성을 나타내려고 했던 사람은 많았지만, 그때마다 "그럼, 왜 (존재의) 증거가 없는 거지?"라고 들이밀어 버리면 반론할 수 없었다. 페르미의 패러독스는 꽤 심오하다.

★ 생명의 탄생은 자주 있는 것? 아니면……

지구의 모든 곳에는 생물이 있다. 그것을 알게 된 것은 생각보다 오래되지 않은 일이다.

1977년, 미국의 잠수조사정 알빈호에서 태평양의 심해에 있는 열수분출공을 조사하고 있었던 과학자들은, 기묘한 생물들을 발견했다. 그중 하나가 튜브 웜(tube warm)이다.

열수분출공이란 지열로 데워진 고온의 물이 분출하는 바다 속의 분화구로, 많은 경우 주변이 맹독의 황화수소 등으로 충만해 있기 때문에 그때까지 생물은 없다고 생각하고 있었다. 그런데 튜브 웜은 체내에 황화수소를 에너지원으로 할 수 있는 화학합성 세균을 공생시켜, 그것으로 발생하는 유기물을 영양원으로 심해에서도 번식한 것이다.

튜브 웜

튜브 웜 이외에도 열수분출공에는 물고기와 게 등 많은 생물이 있어, 독자적인 생태계를 만들고 있었다. 이것은 큰 발견이었다.

이러한 '미지의 생물' 조사는 지금도 계속되고 있고, 지구상이라면 높은 산 위부터 물 속, 땅 속까지, 대부분의 곳에 어떠한 생물이 있는 것은 아닐까 하고 주장하는 학자는 많다. 무엇보다 35억 년 전에는 용암을 먹었던 미생물이 있었다고까지 말할 정도이니 말이다.

이처럼 상상 이상으로 험한 환경에서도 생물이 생존할 수 있다는 사실은, 목성의 위성 중 하나인 에우로파에도 생물이 살 것이란 추측을 가능케 한다. 그곳은 표면이 얼음으로 덮여 있지만 활발한 화산활동이 확인되고 있어 열수분출공을 가진 바다가 얼음 밑에 있을 가능성이 높기 때문이다. 그렇게 되면, 거기에는 튜브 웜과 같은 생물이 있을지도 모르는 것이다.

다만 이 가정에는 당연히 페르미의 패러독스 같은 반론도 있다.

'생물이 꽤 가혹한 환경에서도 번식할 수 있다면, 아폴로 우주선 등이 달에서 가지고 돌아온 암석에 왜 생물이 있던 흔적이 없는 걸까? 물이 있는 게 확실시 되고 있는 화성에 왜 생물이 발견되지 않는 걸까?'

미생물조차 발견되지 않는다는 것은 원래 진화의 근원이 되는 원시생물이 이들 별에는 없었기 때문으로, 어떤 천체에 생명이 탄생할 가능성은 그렇게 높지 않을지도 모른다. 즉 생물이 살아갈 수 있는 환경의 별이 있다고 해도, 거기에 생명이 태어나고 있다는 건 단정할 수 없는 것이다.

그러고 보니, '지구의 생명의 기원은 운석 등에 의해 우주에서 옮겨져 온 것이다.'는 설을 주창한 학자도 있다. 그만큼 우주인 탐색에는 천문학뿐만 아니라 생명 탄생에 관한 연구도 필요하다.

★ 가장 가까운 '지구 외 생명'은 어느 별에 있을까?

다소 비관적인 이야기를 했지만, 이번에는 환경만을 생각해 지구 외 생명이 있을 법한 천체를 찾아보자.

태양계 내에서는 좀 전의 에우로파와 함께 목성의 위성인 가니메데, 토성의 위성 타이탄 등이 유력한 후보로 거론되고 있다. 모두 얼음이나 물의 존재 가능성이 높기 때문이다. 그런 의미에서 얼음 호수가 발견되었다고 보고된 화성의 가능성도 아직 버릴 수 없다.

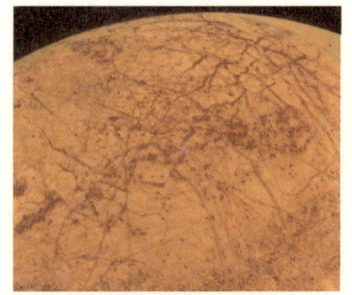

에우로파

태양계 외에서는 약 12광년 떨어진 '고래좌 타우성'이나 10.5광년 떨어져 있는 '에리다누스좌 엡실론성'이 지구에 가까운 환경의 행성을 가졌다고 여겨지고 있어, 전파망원경을 통해 계속 관측하고 있다. 현재 일본·미국·유럽에서 지구 외 생명탐사 프로젝트가 진행되고 있어, 우주인이 발견되는 날도 그렇게 멀지 않은 일일 것이다.

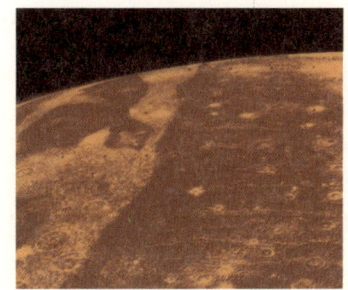

가니메데

2003년 NASA에 의해 쏘아 올려진 스피처 적외선 우주망원경의 관측에 의하면, 이미 태양의 질량에 가까운 항성이 300개 가까이 발견되고 있다. 그중 3분의 1은 행성계를 형성하고 있는 중이라고 하니, 나머지 200개는 이미 행성을 가지고 있다는 것이 된다. 즉 행성계의 존재 확률이 아주 낮은 것은 아니다.

따라서 그중에서는 지구문명보다도 진보한 문명을 가진 지구형 행성도 많이 있을 것이라 기대할 수 있다.

★ 지구 외 생명과의 접촉은 있을 수 있을까?

만약 지구 외 생명이 발견됐을 때 우리가 접촉할 수 있는 방법이 있을지 생각해 보자.

어느 정도 고도의 문명을 가진 '우주인'을 확인할 수 있다면, 그것은 전파에 의한 것이 될 것이다. 방송이나 통신용 전파는 자연에서 나오는 전자파와는 명백히 다르기 때문에, 그것까지 발견할 수 있다면 그곳으로 메시지를 발신해서 접촉할 수는 있다. 다만 문제는, 전에 소개한 고래좌의 별도 10광년 이상 떨어져 있기 때문에 "잘 부탁해.", "나도 잘 부탁해."라는 말을 주고받는 것만 20년이나 걸린다는 것이다.

태양계에서 가장 가까운 켄타우로스좌 알파성도 4.22광년은 되기 때문에 꽤 긴 교류가 될 것 같다. 물론 연하장을 주고받는 것밖에 하지 않는 친구와의 관계와 비슷한 것이기 때문에, 10년에 1번 정도 연락을 취한다고 생각하면, 충분히 즐거울 것 같긴 하다.

하지만 통신만으로는 재미없으니 실제 우주선으로 방문하는 방법은 없을까?

광속에 가까운 스피드를 낼 수 있는 우주선은 시간과 돈만 들이면 만들 수 있기 때문에, 10광년 정도(왕복 약 20년)의 거리에 별이 있다면 지원해서 여행하는 사람이 나타날 지도 모른다. 다만 문제는 중력과의 싸움이다.

지구인은 지구의 중력가속도 1G의 환경에서밖에 살아갈 수 없다. 이 때문에 스페이스 셔틀 등 단 며칠 간의 우주여행조차, 비행사들은 매일 트레이닝을 하며 근육이 쇠퇴하지 않도록 하고 있다(그래도 지구에 돌아오면 중력이 강하다고 생각한다고 한다).

영화 '2001년 우주여행'에서는 회전하면서 원심력을 이용해 '의사중력'을 발생시키는 우주선이 등장한다. 방법으로서는 이것이 최선이겠지만, 그 정도로 큰 것을 지구에서 쏘아 올리는 방법이 문제가 된다. 순서를 생각해보면 '우주공간에 기지를 만들고 거기서 대형우주선을 조립해, 이윽고 태양계의 바깥으로…'라는 수순이 될 듯하다.

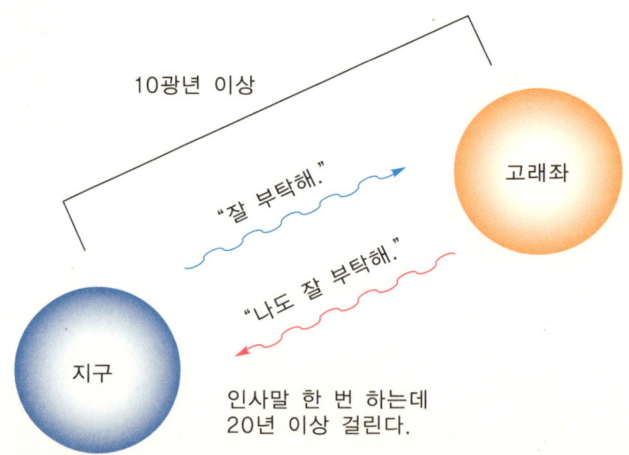

★ 최강의 우주비행사로 일컬어지는 쿠마무시

인간이 지구 외 생명과의 직접 접촉을 위해 대우주로 나가는 것에는 좀더 시간이 필요하지만, 우리를 대신할 '우주비행사' 후보로 유력시되고 있는 것이 쿠마무시라는 생물이다.

쿠마무시란 최장 1.5mm 정도의 작은 동물로, '무시(=곤충)'라고 불리지만 곤충이 아니라 완보동물의 일종이다. 4쌍 8개의 땅딸막한 다리로 옴작옴작 걷는다.

쿠마무시의 최대 강점은 강한 생명력으로, 통상 몸의 수분을 극단으로 줄인 건조 상태가 되면 100년 가까이 계속 살 수 있다고 한다(건면 상태). 게다가 온도는 영하 173~영상 150℃ 정도까지, 압력은 진공에서 7만 5,000기압까지 견딜 수 있으며, X선 등의 방사선도 인간의 치사량의 1,000배 이상 쐬어도 괜찮다고 한다.

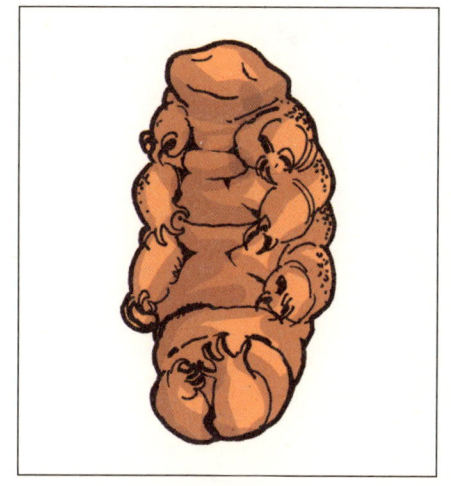

쿠마무시

쿠마무시는 그 강한 신체를 살려, 지구상에서는 열대에서 북극, 고산이나 심해, 게다가 온천의 열탕 속에서까지 살고 있다. 우리 주변에도 얼마든지 있고 널리 퍼져있는 대단한 녀석, 그것이 쿠마무시이다. 실제로 2008년 9월, 스웨덴과 독일의 연구팀이 쿠마무시를 우주공간에 10일간 방치해두는 실험을 했다. 쿠마무시는 결국 진공, 저온, 태양으로부터의 자외선 등을 견뎌내어, 일부가 무사히 귀환했다.

우주로의 여행은 가혹한 환경으로의 도전이다. 인류가 안전하게 항해할 수 있는 우주선을 만드는 것은 어려운 일이지만, 쿠마무시라면 건면(乾眠)한 채로 몇 광년이나 떨어진 별에서 살 수 있을지도 모르기 때문에, 계획은 훨씬 간단하게 된다. 만약 실행된다면 지구상의 모든 곳에 생명이 있듯이, 머지않아 쿠마무시에서 진화한 생물이 우주에서 활약할지도 모른다.

'우주'의 크기를 측정하는 방법(3)

별의 성질을 잘 알면 거리도 알 수 있다?

● **태양과 닮은 색의 별을 찾아라!**

지구의 공전에 의한 연주시차를 이용했던 삼각 측량으로 조사할 수 있는 천체까지의 거리는, 대개 500~1,000광년이다. 은하계의 직경이 약 10만 광년이기 때문에, 이것은 1,000분의 1에 지나지 않는다. 이보다 더 먼 우주에 대해 알려면 어떻게 해야 할까? 먼저, 태양과의 비교가 있다.

태양과 같은 항성은 핵융합반응에 의해 에너지를 발산해 빛을 내지만, 어떤 반응을 하는가는 질량(즉, 중력)으로 결정된다.

따라서 항성이 발하는 색이 같으면, 그 항성의 원래 밝기(절대등급)는 대체로 같다고 말할 수 있다.

그 관계를 정리한 것이 헤르츠스프룽-러셀도(HR도)이다. 덴마크의 천문학자 아이너 헤르츠스프룽과 미국의 천문학자 헨리 노리스 러셀에 의해 독자적으로 제안된 그림(헤르츠스프룽-레셀도)으로 세로축에 절대등급(항성의 발광량), 가로축에 스펙트럼형(색=표면온도)을 표시한 분포도이다.

예를 들어 연주시차가 측정 한계 이하인 별에서도 태양과 같은 스펙트럼이라면 절대등급은 정해지기 때문에, 겉보기 밝기(實視等級)로 거리를 측정할 수 있다.

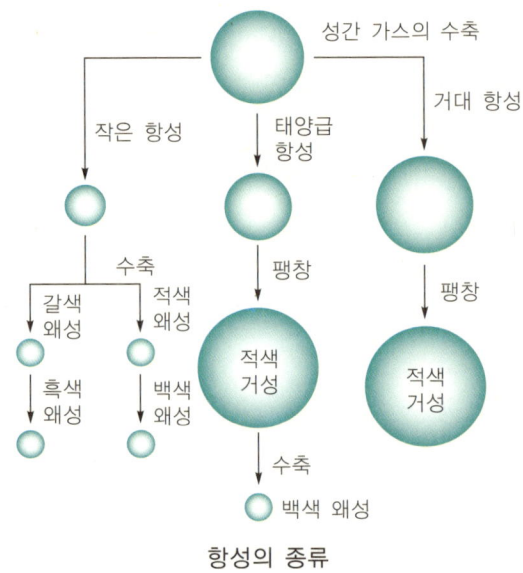

항성의 종류

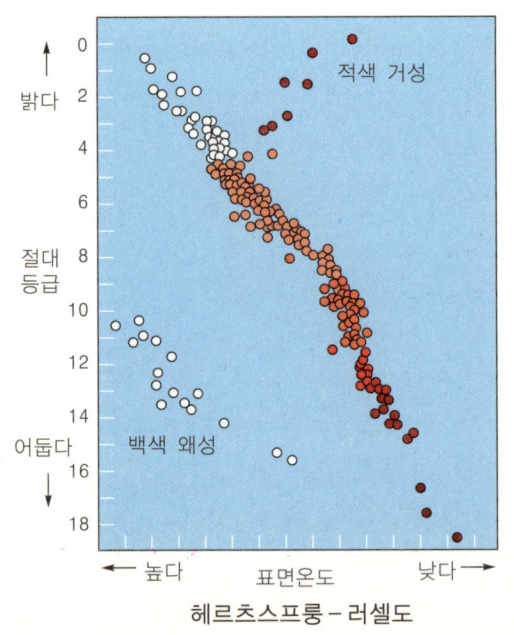

헤르츠스프룽-러셀도

다만 절대등급과 스펙트럼의 관계는 그 정도로 엄밀하게 정해진 것은 아닌데다가, 별의 밝기도 도중에 빛을 가로막는 성간물질 등이 있으면 절대등급과 거리만으로 정해지지 않기 때문에, 오차가 꽤 생기는 것은 어쩔 수 없다.

● 밝기가 변하는 별이 '우주의 등대'가 된다

조금 더 정확한 거리 측정 방법은 없을까? 그 답을 찾아 그 후의 천문학에 큰 진보를 가져온 사람이 미국의 천문학자 할로우 섀플리(1885~1972)이다.

그가 주목한 것은 변광성이다.

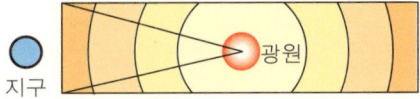
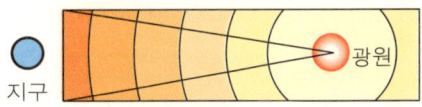

절대등급에 의한 거리 측정

천체가 '변광(變光)'하는 데에는 몇 가지 이유가 있다. 거대한 항성이 최후로 일으키는 초신성 폭발의 케이스도 있지만, 밝은 별과 어두운 별이 짝이 되어 돌고 있기 때문에 눈에 띄어 변광성이 되는 케이스도 있다. 그러나 이보다 좀더 많은 것은 표층이 주기적으로 팽창하거나 수축하면서 밝기가 정기적으로 바뀌는 별로, 이것을 맥동 변광성이라고 한다.

맥동이 일어나는 이유는 역시 핵융합반응에 의한 것으로, 세페이드(Cepheid) 변광성이라고 불리는 별은 헬륨끼리 달라붙으면서 보다 무거운 탄소나 산소로의 변화가 진행되지만, 그 과정에서 별 전체가 축소되어 외층이 불안정하기 때문에 맥동한다고 일컬어진다. 그리고 이 세페이드 변광성은, "변광의 주기가 긴 별일수록 절대등급이 밝다."는 성질이 있다.

여기에 눈을 돌린 섀플리는 겉보기 등급과 변광 주기를 측정해 거리 측정에 이용할 수 있다고 생각했다. 그리고 은하계 내의 구상성단에 있는 세페이드 변광성을 관측해, 태양계는 은하계의 중심이 아니라는 것을 알게 되었다.

세페이드 변광성을 천체까지의 거리 측정에 이용할 수 있어 1,000만 광년 정도 떨어진 천체의 위치를 어느 정도 정확하게 알 수 있게 되었기 때문에, 우주가 팽창하는 증거인 적방편이 등을 발견하게 된 것도 섀플리 덕택이라고 말할 수 있다.

● 그 외의 거리 측정 방법

세페이드 변광성을 이용한 천체의 거리 측정은, 그 후 관측기술이 진보해 감에 따라 다소의 오차를 감안해 1억 광년 정도까지 가능하게 되었다. 그러나 이것으로도 아직 우주 전체의 약 1%밖에 모른다. 우리가 물리적으로 관측할 수 있는 우주의 영역은 150억 광년 정도이기 때문에, 거기까지 측정범위를 넓히는 것이 천문학자들의 꿈 중의 하나이다.

지금까지 고찰된 측정 방법을 소개한다.

☆ 초신성(超新星)에 의한 측정

Ia형이라는 초신성(진화한 거성이 아니라 초거성과 백색 왜성으로부터 형성된 연성계라고 생각되고 있다.)은, 피크 때의 절대등급이 거의 일정하다는 성질을 갖고 있다. 하지만 그 밝기는 세페이드 변광성에 비해 약 10만 배로 은하 1개분 정도의 빛을 발하기 때문에 측정할 수 있는 거리는 매우 길다.

다만 초신성은 특정한 별이 수명을 마치고 폭발하는 순간밖에 관측할 수 없어, 우리의 은하계 속에서 발견되는 것은 수십 년에서 100년에 1번 정도이다. 그러나 우주 전체로 볼 때는 1년에 20~30개는 발견되고 있다.

☆ 적방편이에 의한 측정

우주의 팽창에 의한 적방편이는, "먼 천체일수록 빠른 속도로 지구에서 멀어져 가고 있다."는 것으로 거리에 비례해 크게 일어나게 된다. 따라서 은하의 스펙트럼선의 파장의 어긋남을 관측하는 것으로, 속도, 즉 지구로부터의 거리를 아는 것이 가능하다.

제4장
우주의 끝은 어떻게 되어 있을까?

★4-1 우주의 끝

제4장 우주의 끝은 어떻게 되어 있을까?

★ 4-2 가장 가까운 지구형 행성

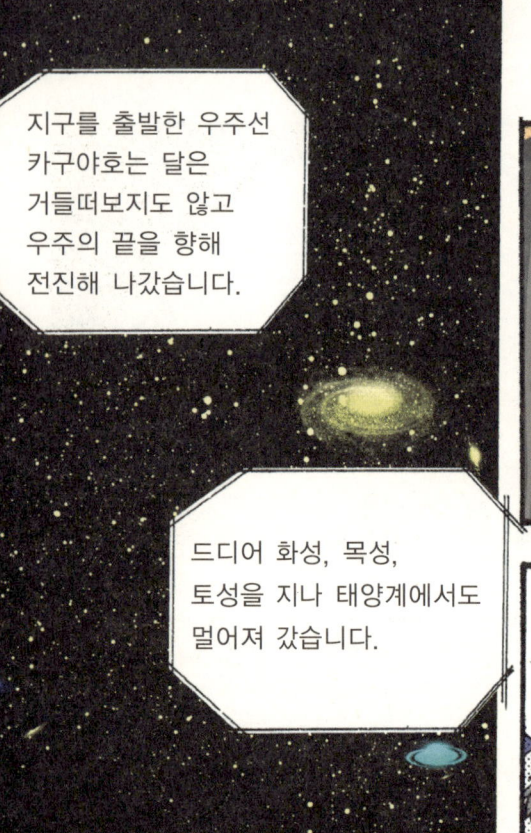

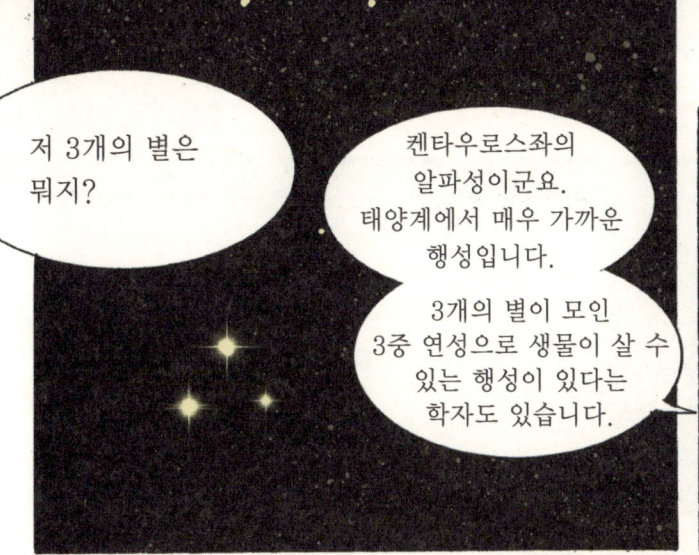

카구야호 여행 놀이

출발선

지구

태양계

은하계

은하계(우리 은하)

은하수가 여름에 잘 보이는 것은, 여름 성좌인 '염소좌'의 방향에 은하계의 중심이 있기 때문이다. 지구(태양계)는 직경이 약 10만 광년인 은하계 '디스크'의 중심에서 약 2만 8,000광년 떨어진 곳에 있기 때문에, 은하수에 진하고 옅은 부분이 생긴다.

 그래서 여름에 칠석이 있는 거네.

 즉, 은하계의 중심을 바라보는 축제이기도 했겠네요.

 20세기가 되기 전에는, 은하계가 우주의 모든 것이라고 생각했기 때문에, 칠석은 틀림없이 정중앙을 가까이 들여다보는 장대한 이벤트였다고도 말할 수 있어요.

그레이트 월과 보이드

결승선
우주의 끝?

그레이트 월(Great Wall)과 보이드(void : 공동)

은하에는 은하단이나 초은하단 등을 구성하는 것도 있지만, 우주공간 전체에서 보면 그물 모양의 분포를 하고 있다. 즉, 많은 거품이 모여 그 막의 부분이 은하, 거품의 내부가 보이드(공동)가 된다. 지구에서 관측하면 은하는 큰 벽을 만들고 있는 듯 보여, 이러한 우주의 대규모 구조를 그레이트 월이라고 부른다.

현재, 그레이트 월과 보이드에 의한 그물 모양이 우주의 가장 큰 구조라고 말해지고 있어요.

즉, 이 이상 멀리 가도 같은 구조가 계속된다는 거네요.

국부초은하단(처녀좌 초은하단)

은하단이나 은하군이 모여 구성하는 초은하단은 1억 광년 이상의 넓이를 갖는, 확실히 굉장히 큰 크기를 가진 천체의 집단이다. 우리 은하계(즉 국부은하군)가 속하는 것은 국부초은하단으로, 처녀좌 초은하단이라고도 부른다.

지구의 어느 국부은하군은, 처녀좌 초은하단 중에서도 꽤 끝쪽에 있기 때문에, 중심부에서 가까운 처녀좌의 M87 은하까지 약 6,000만 광년으로 직경은 2억 광년 정도에요.

국부초은하단

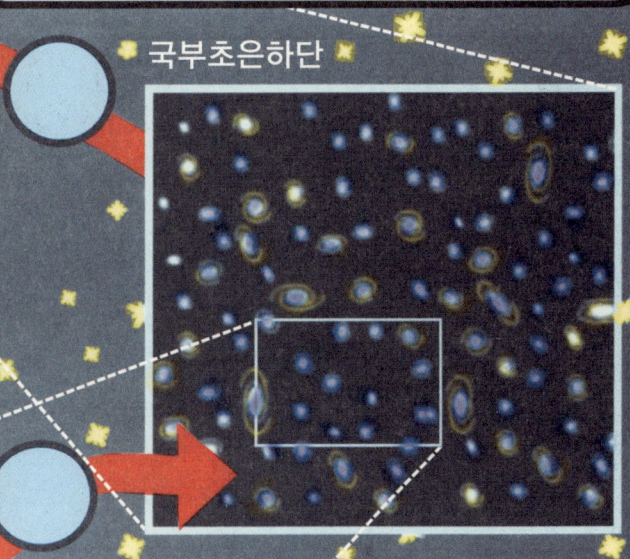

국부은하군

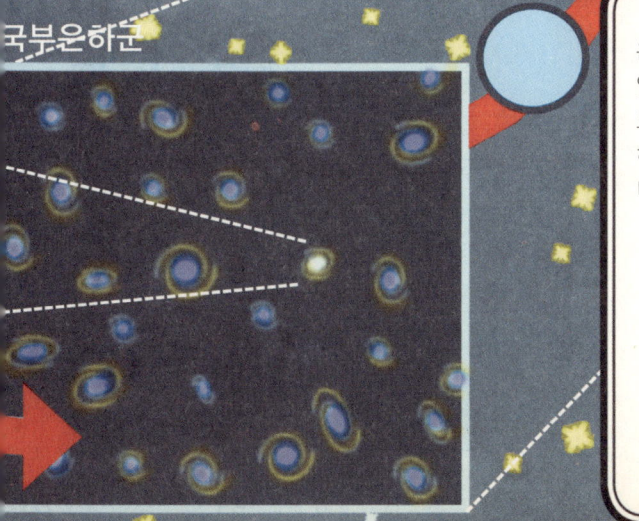

국부은하군

은하는 우주공간에서 은하군 또는 은하단이라는 집단을 만들고 있다. 우리의 은하계(우리 은하)에 속해 있는 것이 국부은하군으로 40개 정도의 은하가 모여 있다. 가장 큰 것은 안드로메다 은하로 디스크 부분의 직경은 약 13만 광년으로, 은하계보다 한층 더 크다.

과학자의 계산에 의하면, 국부은하단의 직경은 2.4~3.6Mpc(메가파섹)이라고 해요.

파섹은 연주시차 1초가 되는 천체까지의 거리로, 1pc=3.26광년이기 때문에 … 780~1,170만 광년이 되죠.

★ 4-3 도착한 우주의 '끝'

☆ 사누키 교수의 강연 ☆

우주가 빅뱅에 의해 탄생했다는 이야기는 여러분도 들어본 적이 있죠? 그런데 우주가 탄생했다는 것은, 어떻게 된 일일까요?

우리가 인식하고 있는 우주는 가로, 세로, 높이의 3개의 좌표축으로 나타낼 수 있는 3차원 공간입이다. 물론 거기에서 빠져나갈 수는 없습니다. 우리에게 있어서는, 이곳이 모든 것입니다.

그런데 4차원 이상의 좀더 높은 차원의 공간, 이것을 '초공간'이라고 불렀습니다만, 거기에서 보면 3차원 공간은 한 개의 닫힌 공간밖에 없습니다. 요약해서 여기에서 말하는 4차원은, 3차원 공간+시간이 아니라 4개의 좌표축에서 나타내는 공간입니다. 그리고 배후에는 공통되게 흐르는 '절대시간(초시간)'이 있다고 상정해둡시다.

우리는 그러한 4차원 공간을 이미지화하는 것이 불가능하기 때문에, 여기에서는 3차원부터 2차원을 보는 것을 모델로 생각해 갑니다.

지금, 저는 풍선을 가지고 있습니다. 이 표면은 2차원이지요. 그리고 공간적으로 휘어진 구면이 있습니다.

이것과 같이 우리가 있는 3차원 우주공간도, 4차원에서는 휘어져 있다고 생각되는 것입니다.

즉 보통 우주선이 아니라, 만약 무언가의 '힘'으로 4차원으로 돌출되어 다시 돌아올 수 있는 이동수단이 있다면, 3차원 공간에서 본 경우 어느 장소에서 갑자기 사라져 다른 장소에 나타나는 스페이스 워프를 한 것이 됩니다.

이 '4차원 로켓'은 3차원의 우주의 끝을 간단히 넘어버리는 것이지만, 그 시점에 서면(즉, 4차원부터 우리들의 3차원 우주를 보면) 우주의 끝은 그 일대에 있습니다. 좀 전에 제가 "다른 의미로 우주의 끝은 모두의 바로 옆에 있습니다."라고 한 것은 그러한 의미입니다.

그럼 3차원 우주공간이란 어떤 '모양'을 하고 있을까요?

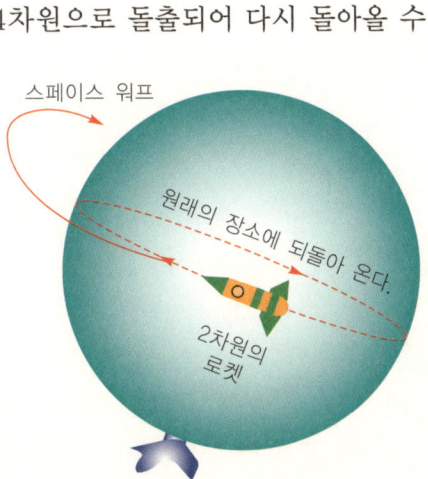

2차원의 로켓이 풍선의 끝을 찾아가면…

여기에서 어려운 설명은 생략하지만, 과학적인 계산에 의하면 다음 3개의 모델 중 어느 것이 되는지 알려 주고 있습니다.

2차원 우주 모델(1)　　　　2차원 우주 모델(2)　　　　2차원 우주 모델(3)

첫 번째는 곡률, 즉 공간의 휘어짐 정도가 딱 0일 때에 어디를 가도 확장되고 있는 공간입니다. 2차원에서 예를 들면 계속 평면이 되어 있습니다. 그림에 의하면 어떻게 해도 '끝'이 있는 듯 보여집니다만, 실제로는 공간이 어디까지도 계속되고 있기 때문에 3차원을 뛰어넘지 않고 계속되는 한 '우주의 끝'에는 절대로 도착할 수 없습니다.

두 번째는 곡률이 플러스(+)인 경우에 2차원 모델로 나타내면 지구의와 같은 구면이 됩니다. 그리고 세 번째는 곡률이 마이너스(−)일 때로, 트랙트릭스 회전면이라고 불리는 것입니다.

우리의 우주 모델로 곡률이 플러스(+)인 구면을 생각할 경우, '우주의 끝'을 목표로 3차원으로 곧바로 전진해 간 우주선은 이윽고 원래의 위치로 돌아와 버립니다.

만약 광속을 넘는 우주선이 실현가능하다면 스페이스 워프를 해서 우주의 끝에 있는 초공간에 도착할 수 있을지도 모릅니다만, 이 3차원적인 우주에 있는 한 상대성이론에 의한 제약으로 초광속은 낼 수 없습니다. 즉, 아무리 전진해 봐도 끝에는 갈 수 없고, 기껏해야 원래의 출발점으로 돌아가는 것뿐입니다.

에필로그
우주는 한 개뿐인 걸까?

 **"우주는 얼마든지 있다"는 다원우주론**

　다원우주론(Multiverse)이란, 우리의 우주 이외에도 복수의 우주가 있다고 생각하는 견해이다. 우주(공간)를 담는 그릇으로 '초공간'을 상정해 거기에 많은 우주가 둥실둥실 떠있다는 생각을 한 사람도 있다. 우주와 우주 사이에 어떤 관계성이 있는지는 불분명하지만 "우주가 다양한 상호관계에 있고, 전체에서 하나의 초생명체를 구상하고 있을지도 모른다."는 것이, 이 책의 감수자인 카와바타 키요시(川端 潔) 선생의 꿈을 담은 상상이다.

　우주 속에 특별한 장소는 없고 우주는 어디나 같다는 우주원리를 한층 확대 해석하면, "우리의 우주만이 특별하다."는 생각은 성립하지 않아 다른 무수한 우주가 있다고 생각된다. 즉 '초우주원리'라는 것이 있으면, 다원우주론은 그렇게 이상한 견해가 아니다. 적어도 철학적으로는 그 쪽이 자연스럽다고 생각하는 것이 이상한 것일까?

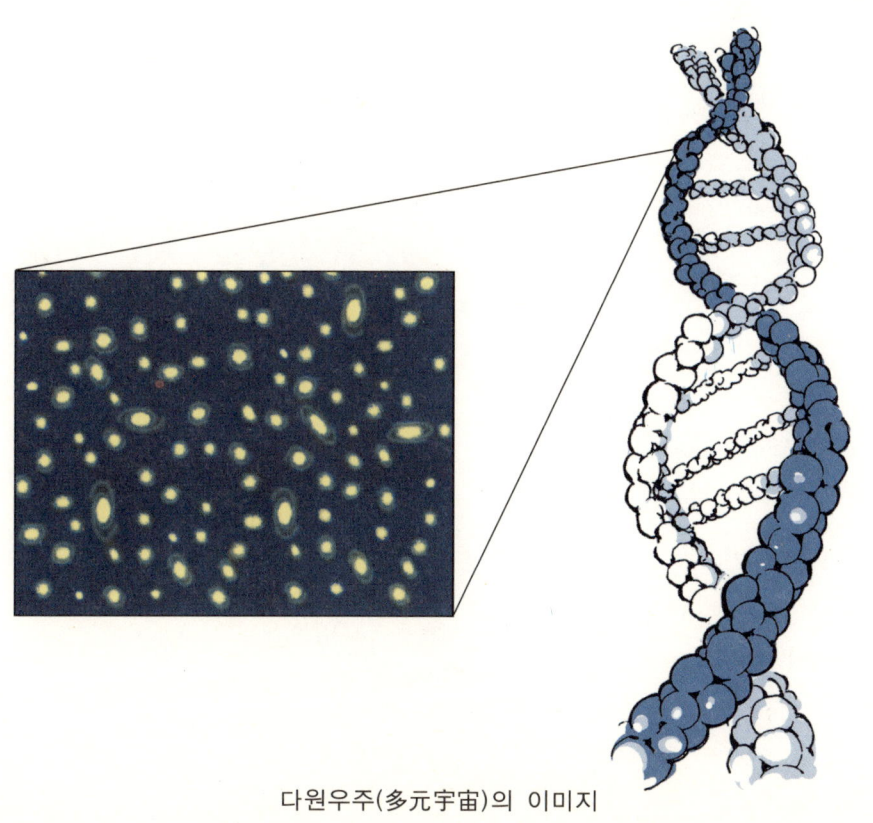

다원우주(多元宇宙)의 이미지

☆ 우주의 끝, 우주의 탄생, 그리고 우주의 최후···

　우주의 끝을 목표로 '곧바로' 나아간 우주선이 어느새 원래의 장소로 돌아와 버렸다. 이유는 '공간이 휘어져 있기 때문'이라고 하지만, 간단히 납득할 수 없다. 이 만화의 원작을 쓴 나이지만, 실은 완전히 이해하지는 못한다. 그렇기 때문에 우리는 서로 '모르는 사람'이란 동지로, 이론이라든가 수식 등의 어려운 설명은 될 수 있는 한 피하면서, 조금이라도 진실에 다가가도록 노력해보자.

★ 공간은 왜 휘어져 버릴까?

　갑자기 3차원 공간을 생각해보려 해도 무리이기에, 정석대로 여기에서는 차원의 수를 하나 빼고, 2차원으로 바꿔보자. 2차원 공간이란 지면 위의 세계이다. 여기에 있는 모든 것의 위치는 2개의 좌표축으로 나타낼 수 있다.

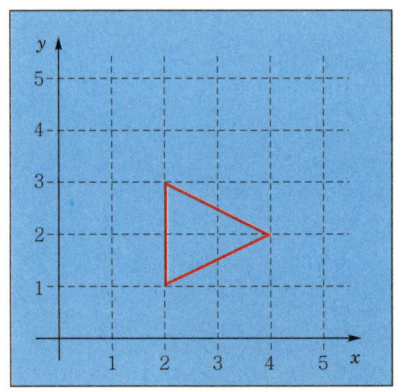

그래프대로라면 '공간'이라는 느낌이 없기 때문에, 3차원 속에 두어 보자.

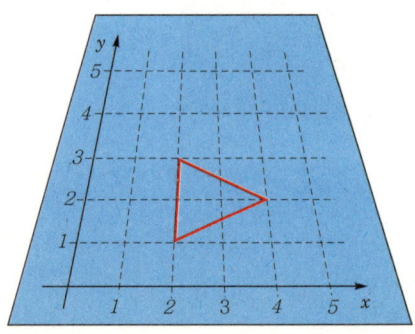

여기에서 생각해보자. 위의 2차원 공간은 우리들이 보면 '평면'이다. 널빤지와 같은 평평한 세계인 것이다. 그러나 이런 것이 보통 있을 법한 것일까?

예를 들어 종이를 공중에서 가지고 있을 때, 무척 두껍고 견고하지 않으면 스르르 뒤틀려버린다. 반듯하게 정돈되어 있을 리는 없다.

물론, 2차원의 주민이 보면 거기가 3차원적으로 휘어 있건 아니건 관계없다. 그래프 용지가 휘어져 있건 꼬깃꼬깃하게 되어 있건 x, y좌표로 표시된 세계는 같기 때문에, 아무래도 좋다. 그리고 물론, 그런 공간의 휘어짐은 알아채지 못한다.

★ 평면도 원주(圓柱)도 구(球)도, 모두 같은 장소로 돌아온다?

이와 같이 휘어지는 정도를 '곡률'이라고 한다. 곡률이 0인 경우는 곧고, 곡률이 커질수록 급커브를 그리며 휘어져 있다. 그렇게 기억해두면 좋다.

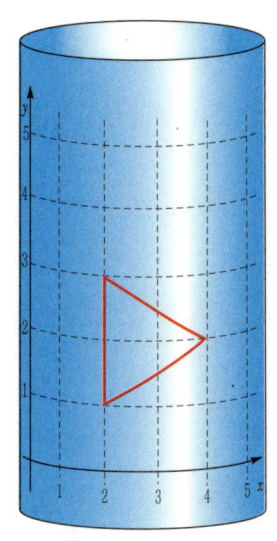

조금 전의 평평한 그래프 용지와 같은 세계는, 3차원에 있는 우리가 볼 때 '곡률이 0인 2차원 공간'이 된다. 그러나 대개의 경우 그래프 용지는 휘어져 버리기 때문에 곡률을 0으로 유지하는 것은 꽤 어려운 일이다.

그럼, 여기에서 x축의 방향으로 곡률이 0이 아니라고 해두자. 그림으로 말하면 가로 방향으로 휘어져 버리는 것이다. 그러면 어떻게 될까?

공간(이 경우는 2차원 평면)이 무한의 넓이를 가지고 있는 경우 곡률이 일정하면 3차원적으로는 빙그르르 돌고, 최종적으로는 오른쪽 위의 그림과 같이 된다. x좌표의 플러스 방향과 마이너스 방향 끝이 들러붙어 있는 원주(圓柱) 모양을 만드는 것이다.

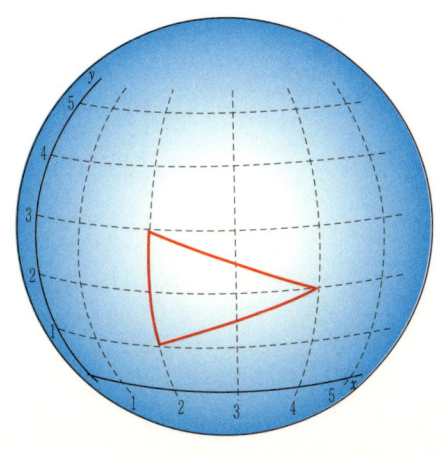

몇 번이나 말했듯이, 2차원 세계의 주인으로서는 거기가 원주인지 아닌지 모른다. 다만 '$x=\infty$'라는 주소를 가지고 걸어가면, 어느새인가 x가 마이너스가 되어 있다는 이상한 경험을 하게 될 뿐이다.

게다가 'x축 방향만으로 휘어져 있는 2차원 공간'이란 것 또한, 꽤 특수한 상황이다. 만약 공중에서 천 같은 것을 가지고 있으면, 보통 세로로도 가로로도 휘어져버린다. 따라서 y축 방향의 곡률도 올라가면, 도출되

에필로그 **229**

는 형태는 구체(球體)일 뿐이다. x축이나 y축 방향의 곡률이 반드시 일정하지 않더라도 일정 방향으로 휘어져 나아가면 크게 넓은 2차원 공간은 최종적으로 x, y의 양 좌표 방향에서 만나 구체(球體)와 같이 닫혀지는 형태가 된다.

그리고 이것은 3차원 공간에서도 같다.

우리가 설정할 수 있는 x, y, z의 3개의 좌표축이 4차원적에서도 곧바로라면 우주 어디라도 여행할 수 있지만, 만약 조금이라도 휘어져 있다면 언젠가는 같은 장소로 되돌아와 버린다.

칼럼

우주공간에서 사용하는 것은 가우스 곡률 *

'휘어진 단면'이란 것을 생각할 때에는 '가우스 곡률'이라는 것을 사용한다. 이것은 곡면 위의 한 점에서의 최대 곡률과 최소 곡률의 곱이다.

좀 전의 그림과 같이 원통의 경우 x축의 곡률은 플러스 값이고, y축 방향은 0이다. 따라서, 최대 곡률과 최소 곡률의 면적 xy는 제로가 되기 때문에 "원통은 곡면이면서 가우스 곡률은 평면과 같이 0"이 된다. 그런 의미에서 구면과는 꽤 성질이 다른 공간이라고 말할 수 있다.

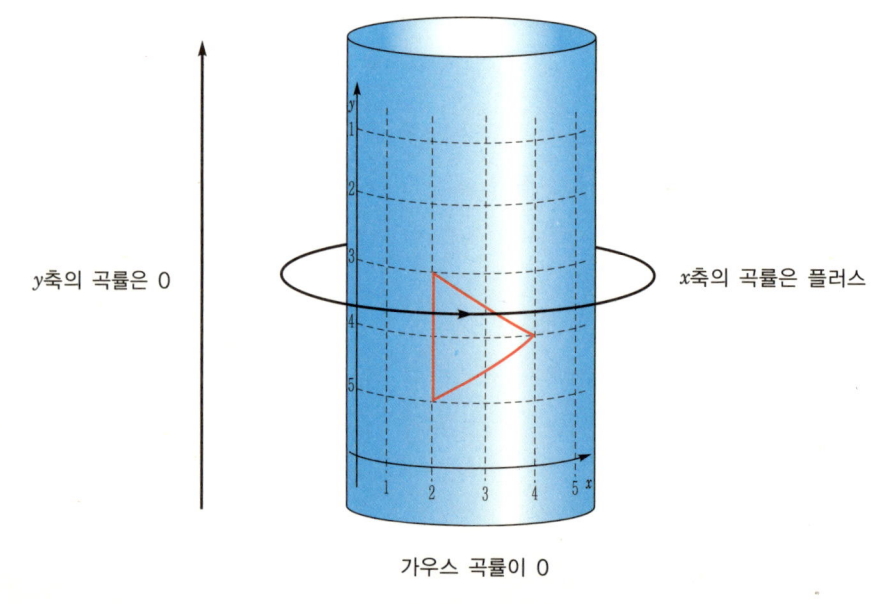

y축의 곡률은 0

x축의 곡률은 플러스

가우스 곡률이 0

※3차원 이상의 공간인 경우, '단면곡률'이라고 불리는 것이 많다.

★ 생각할 수 있는 '우주의 형태'는 3가지

그런데 이 곡률은 단순히 0이나 플러스(정)의 값을 구하는 것이 아니다. 여기에서 이야기는 조금 복잡해지지만, 수학적으로는 마이너스(부)의 곡률이라는 것도 있다.

곡률, 즉 곡선이나 곡면의 휘는 상태를 나타내는 양이 마이너스란 건 어떤 것일까?

이 설명을 수식이 아닌 문장으로 나타내는 것은 매우 어렵다. 그리고 나 자신도 잘 모른다. 여기서는, 이 책의 내용을 감수하신 카와바타(川端) 선생님에게 배운 것 등을 기초로 될 수 있는 한 쉽게 설명해보자.

먼저 여기에서 한 번 더, 만화 사누키 교수의 강연에서 나온 '2차원 우주 모델'의 3가지 그림을 떠올려 보자. 지면과 평면, 그리고 트랙트릭스 회전면이라고 불리는 그다지 익숙치 않은 형태이다. 요컨대 그림(3)의 트랙트릭스 회전면은 뾰족한 후지 산처럼 보이지만, 이것은 알기 쉽게 하기 위해 어디까지나 '일부'를 빼낸 것일 뿐, 실제로는 상하로 계속 이어져 있다. 여기에 표시한 평면이 결코 사각이 아닌 상하좌우로 무한으로 넓어지고 있는 것과 같다.

(1) 곡률이 정(+)   (2) 곡률이 제로(0)   (3) 곡률이 부(−)

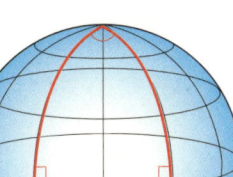 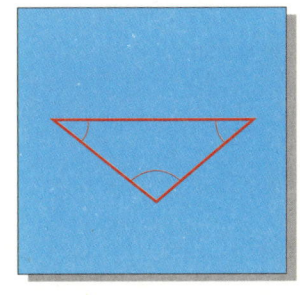 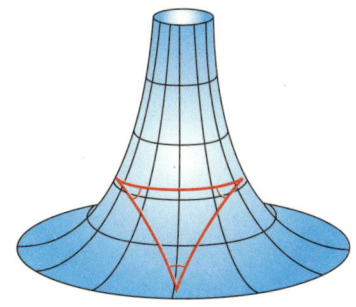

내각의 합이 180°보다 크다.   내각의 합이 180°   내각의 합이 180°보다 작다.

3가지 곡률 모델

이제, 이들 3가지 모델 위에 삼각형을 그려보자. 그러면 위 그림(2)의 '평면'에서 내각의 합이 180°가 되는 것은, 수학 수업에서 배운대로이다.

그러면 (1)의 '구면'은 어떨까? 이것은 180°보다 커진다. 그리고 그림(3)의 '트랙트릭스 회전면'에서는 내각의 합은 180° 이하이다.

'삼각형의 내각의 합이 180° 이상'이라는 것은, 지구의 북극점을 정점으로 적도를 아랫변으로 한 삼각형을 생각하면 알기 쉽다. 이 경우, 정점과 아랫변을 연결하는 변(즉, 경선)과 아랫변(적도)이 만드는 각도는 직각(90°)이다. 따라서 아랫변이 만드는 2개의 내각의 합만으로 이미 180°가 되고, 정점의 내각을 더하면 180°가 넘어버린다. 이것이 곡률이 정(+)이라는 의미이다.

곡률이 부(−)인 경우는 구체적으로 이미지화하는 것이 어렵기 때문에, 여기에서는 설명을 생략한다.

우리가 인식하고 있는 3차원 우주도, 4차원으로 볼 때에는 곡률이 '정(+), 제로(0), 부(−)'의 3가지 형태를 가지는 것이라고 생각할 수 있다. 여기에서 생겨난 것이 유명한 프리드만의 우주 모델이다.

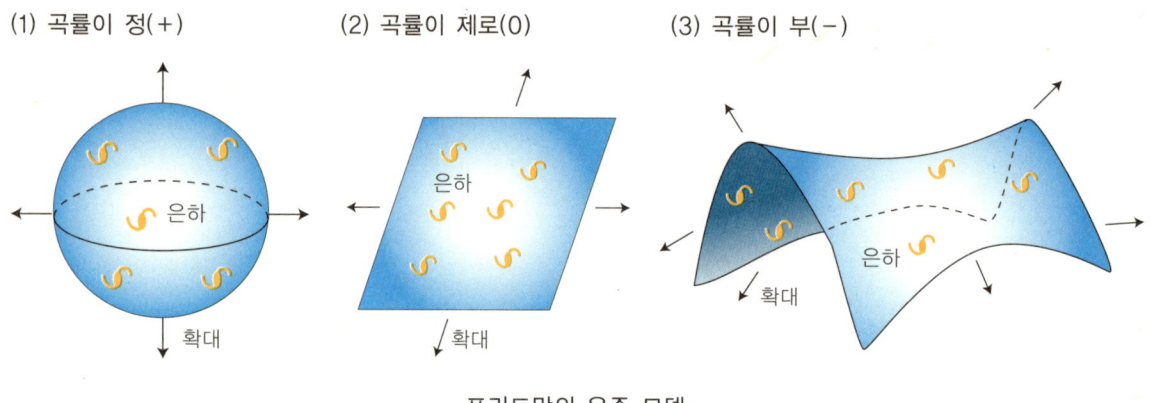

프리드만의 우주 모델

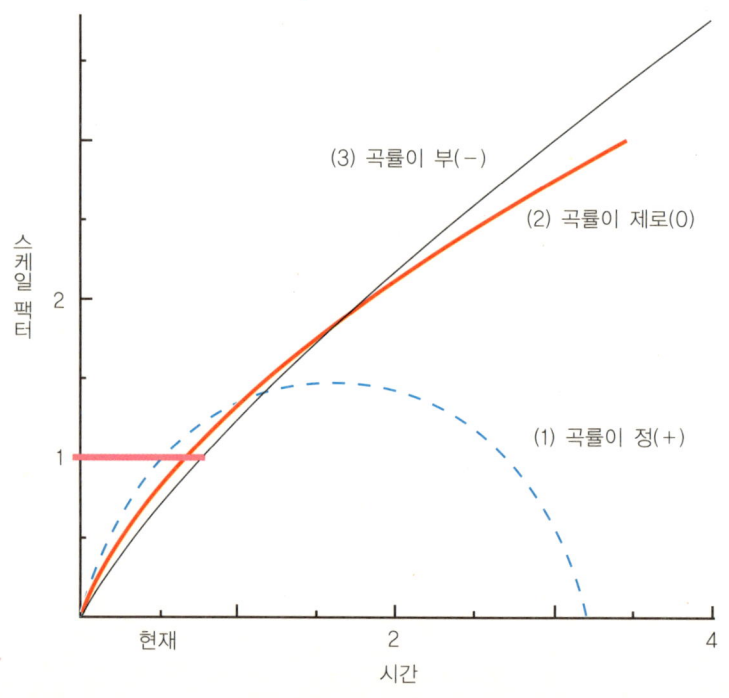

프리드만 우주 모델의 시간적 변화

구 소련의 우주물리학자 알렉산드르 프리드만(1888~1925)은 팽창이나 수축을 계속하는 동적인 우주를 전제로, 곡률이 정(+)·제로(0)·부(-)와 같이 여러 가지인 경우에 공간이 어떻게 되는지 생각했다. 그리고 이것도 또한, 2차원 모델로서 p.232의 그림(프리드만의 우주 모델)에 모식화하고 있다. 표면에 붙어있는 'S' 모양처럼 보이는 것이 은하이다.

요컨대, 곡률이 부(-)인 경우는 그 형태 때문에 '말안장 모양 우주'라고 불리지만, 결국 트랙트릭스 회전면을 다른 각도로 보고 있을 뿐이다.

원래 3차원인 우주를 2차원으로 나타내고 있기 때문에 좀처럼 이미지화하기 힘들지만, 수학적으로 생각한 경우 공간의 휘어지는 방향은 곡률이 정(+)·제로(0)·부(-)의 3가지 경우마다 다르기 때문에 생각할 수 있는 우주의 형태는 3종류가 된다. 어쨌든 그것만을 머리에 넣어두면 좋겠다.

★ 우주는 동적인 것인가? 정적인 것인가?

만화 속에서는 허블이 천체의 적방편이를 발견하면서 우주의 팽창을 알게 되었다고 설명하지만, 허블이 그것을 발견한 것은 1929년으로, 프리드만이 죽은 후이다. 즉, "우주는 크기를 바꾸는 동적인 것이다."라는 사고방식은 그 전부터 있었던 것이다. 그 계기를 만든 것은 아인슈타인(Albert Einstein ; 1879~1955)이지만, 그 자신은 오히려 정적인 '변화하지 않는 우주'를 생각해 왔다. 그 때문에 큰 실수를 하고 만다.

아인슈타인은 1916년에 발표한 일반 상대성 이론에서, 중력(인력)을 '질량을 가진 물질에 의해 생긴 주위 공간의 뒤틀림에 의한 물리 현상'이라고 했다. 즉 뉴턴의 물리학과 같이 물질이 서로 끌어당기는 것이 아니라, 공간이 주는 영향이라고 생각했던 것이다.

뉴턴(Sir Isaac Newton ; 1643~1727)이 물질들이 손을 잡고 끌어당기는 이미지를 떠올렸다면, 아인슈타인은 공간(그림에서는 평면)을 움푹 들어가게 해서 주변의 것을 떨어뜨리려고 하는 이미지를 생각한 것이다.

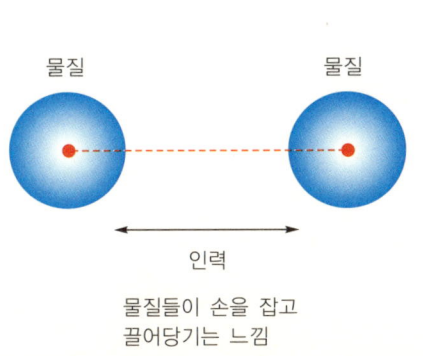

물질들이 손을 잡고
끌어당기는 느낌

뉴턴 물리학에 의한 중력의 이미지

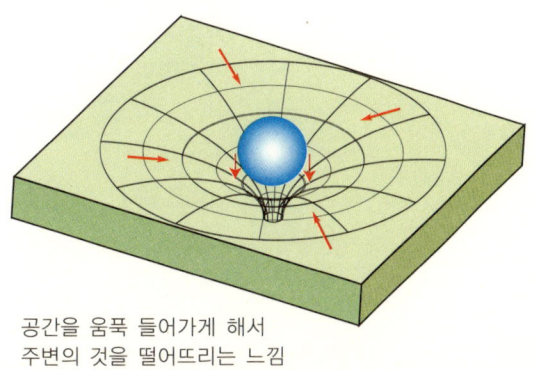

공간을 움푹 들어가게 해서
주변의 것을 떨어뜨리는 느낌

아인슈타인이 생각한 중력의 이미지

그러나 그 사고방식에서도 '우주가 왜 지금과 같은 모습을 하고 있는가?' 하는 문제는 해결되지 않았다. 중력(인력)이 모든 물질에 미친다고 했을 때, 우주가 시간과 함께 수축되지 않는다면 이상하기 때문이다(처음에 정적(靜的)이었다고 해도).

요컨대 뉴턴은 "우주는 무한으로 넓어져, 멀리까지도 끌어당기는 천체가 많이 있기 때문에 만유인력이 있어도 수축하지 않는다."고 했지만, 실제로 그런 미묘한 밸런스로 우주가 지켜지고 있는지에 대해 의문을 가진 사람이 많았다. 왜냐하면 이 '밸런스'가 아무래도 불안정해 조금이라도 주위보다 물질(이 경우는 별 등)의 농도가 생기면, 그 점을 향해 물질이 모여 가속적으로 부서져버리는 것이 단순한 계산으로 나타나기 때문이다.

거기서 아인슈타인은 물질은 끌어당기지만 공간은 반발하는 척력이라는 것이 존재해, "인력과 척력이 균형을 이루기 때문에 우주는 정적이다."라고 했다. 그것이 1916년 단계의 결론이었다.

무엇보다 아인슈타인은 자신의 정적 우주도, 뉴턴이 생각한 우주와 같이 극히 불안정한 균형의 상태이고, 물질 밀도에 작은 농담이 생기면 동적(動的)이 되어 눈깜짝할 새에 수축해 버리거나 팽창해 버리는 것을 알았다. 거기서부터 다음 우주론으로 연결되어 가는 것이다.

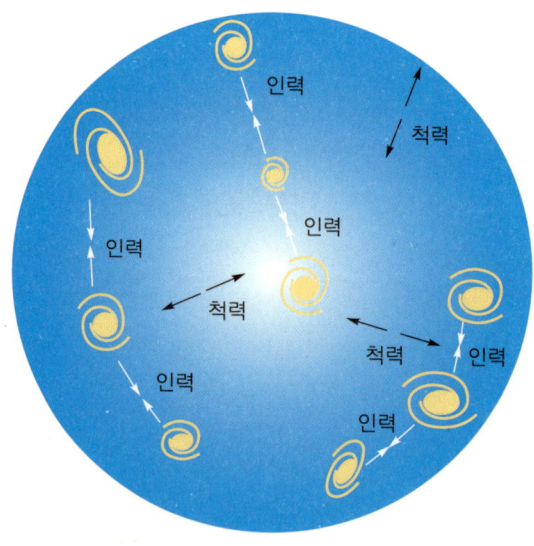

아인슈타인이 생각한 정적 우주의 이미지

★ 아인슈타인보다도 아인슈타인스럽게

아인슈타인이 일반 상대성 이론에서 나타낸 방정식(중력장의 방정식)에는, 처음에는 척력이라는 요소가 없었다. 그러나 자기 자신이 생각한 방식을 진행해 가면서, 우주는 지금의 모습으로 있을 수 없게 되어 버렸다. 거기서 그는 어쩔 수 없이 척력의 영향을 나타내는 '우주상수'라는 상수를 붙여서 발표했던 것이다. 다만 수학적으로는 충분히 허락되는 것이었다.

그러나 몇 사람의 물리학자는 거기에 의문을 품었다.

척력이란 어디까지나 아인슈타인이 머리 속에서 생각한 가상적인 것으로, 없어도 되는 것은 아닐까? 우주가 팽창과 수축을 하는 동적인 것이라고 생각하면, '우주상수'는 필요 없다.

그리고 프리드만이 발견했던 것이, 그의 우주 모델에서 나타낸 3가지 답이다.

만약 우주에 존재하는 물질의 질량의 총합이 작다면, 중력은 팽창하는 힘을 이기지 못하고 우주는 점점 커지게 된다. 반대로 질량이 커지면, 우주는 수축한다. 그리고 가끔 물질의 질량이 양자의 임계(경계점)에 있을 때, 팽창은 계속할 수 있는 것으로 그 속도는 이윽고 감소한다. p.232의 그래프(프리드만 우주 모델의 시간적 변화)는, 그것을 표시하고 있는 것이다.

후에 "우주는 확실히 팽창하고 있는 것 같다."고 알았을 때, '우주상수'를 생각해내어 우주팽창의 가능성을 부정해 버린 아인슈타인은 "인생에서 최대의 실수였다."고 탄식했다.

 칼럼

아인슈타인의 실패는 아직도 이어진다

우주팽창설에 어떻게 해도 반론할 수 없는 부끄러운 생각으로 자신의 중력장 방정식으로부터 우주 상수를 제외한 아인슈타인이지만, 그의 죽음(1955년)으로부터 30년 정도가 지나 예상조차 하지 못했던 일이 일어났다.

1980년대에 제창된 인플레이션 우주론은, 탄생 직후의 우주가 급격하게 팽창해 그 후에 빅뱅이 있었다는 새로운 스토리를 생각해냈지만, 그 급팽창을 규정하는 데에는 무엇인가의 에너지원이 필요하게 되어 우주상수로의 관심이 다시 고조되어 갔다. 우주 배경 방사의 관측 데이터의 해석이나, Ia형 초신성의 관측 등으로부터 우주의 가속팽창이 시사된 것으로, 지금은 우주상수가 없어서는 안 되는 것이 되어버렸다.

그렇게 생각하면 아인슈타인의 인생 최대의 실수는, 오히려 '자신의 우주상수를 한 번 부정해버린 것'이라고 말할 수 있을 지도 모른다. 만약 그 때 "우주상수는 반드시 필요하다."고 말했다면, 천재로서의 명성은 더욱 높아졌을 것이다.

★ 우주는 최후에 어떻게 되는 걸까?

결국 우주는 동적으로 변해 가는 것 같다. 그렇다면 그대로 계속 시간이 흐르면, 우리의 우주는 어떻게 되는 걸까?

여기에서는 조금 전 그림에 있던 프리드만 우주에, 벨기에 출신의 우주물리학자이자 팽창우주론 제창자의 한 사람이기도 한 조르주 르메트르(1894~1966)의 이론을 더한 '프리드만-르메트르 우주'를 생각해보자. 단, 그를 위해서는 조금의 예비 지식이 필요하다.

이하, 카와바타 키요시(川端 潔) 선생의 설명을 들어보자.

프리드만 우주의 경우, 공간의 곡률 부호는 우주에 현재 존재하는 물질의 평균 밀도 ρ_m과 1:1로 대응하고 있어 이야기가 극히 간단하다. 만약 ρ_m이 임계 밀도라고 불리는 어느 임계치 ρ_c보다 크면 공간의 곡률은 정(+), 같으면 제로(0), 작으면 부(-)가 된다. 그 때문에 연구자는 ρ_m만이 아니라, 임계 밀도와의 비 $\Omega_m = \rho_m/\rho_c$라는 양을 이용하는 경우가 많다. 그렇다면 공간의 곡률 k의 부호는 $\Omega_m > 1$이면 정(+), $\Omega_m = 1$이면 제로(0), $\Omega_m < 1$이면 부(-)가 된다. 우주상수가 가진 에너지 밀도도 아인슈타인의 유명한 방정식 $E = mc^2$(c는 광속)를 이용하면 대응한 질량 밀도로 고칠 수 있기 때문에, 그것과 임계 밀도와의 비율을 구해 Ω_Λ라고 나타낸다. 프리드만-르메트르 우주의 경우 공간의 곡률 k와의 관계는 $k = \Omega_m + \Omega_\Lambda - 1$이 되기 때문에, 프리드만 우주와 같이 k의 부호와 Ω_m이 1:1로 대응하는 것은 아니다.

그래도 빅뱅, 즉 크기가 거의 제로의 상태에서 탄생한 우주로 한정하면, 비교적 용이하게 모델 분류를 할 수 있다. 조금 전 언급한 Ω_m과 Ω_Λ을 이용해,

$$k_C = \left(\frac{27}{4} \Omega_\Lambda \Omega_m^2\right)^{\frac{1}{3}}$$

이라는 임계 곡률을 생각해보면, (a) $k > k_C$이면, 오른쪽 그래프의 프리드만 우주 모델 (1)과 유사한 시간 발전을 하는 닫힌 우주가, (b) $k = k_C$라면 빅뱅으로 시작해 무한한 시간이 걸리는 어느 일정한 크기에 접근해 가는, 이를테면 아인슈타인이 생

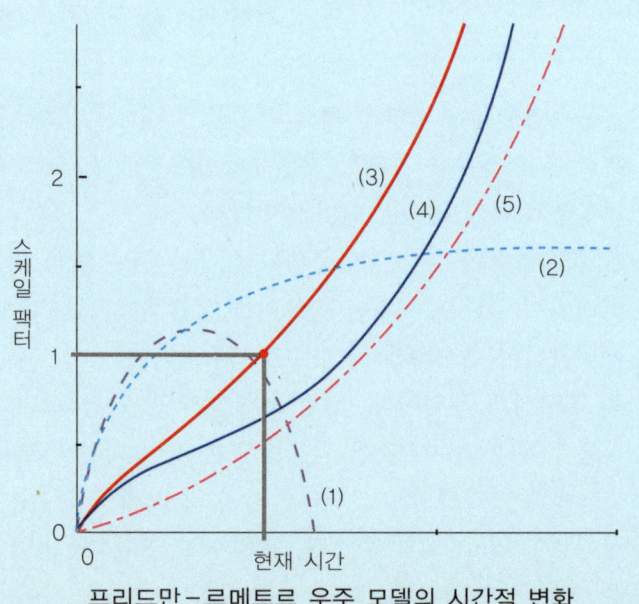

프리드만-르메트르 우주 모델의 시간적 변화

각한 정지 우주에 가까운 것이 된다(그래프의 모델(2)). 반면에, (c) $k<k_c$라면 빅뱅으로 탄생해 잠시 프리드만 우주와 같이 감속팽창한 후, 우주상수의 영향으로 가속팽창해 영원히 팽창을 계속하는 우주가 된다(그래프의 모델(3)과 (4)).

특히 모델(3)은 $k=0$, 즉 곡률이 제로로, 우리가 중학교나 고등학교에서 배운 유클리트 기하학이 성립해 평평한 공간이 된다. 현재 연구자들 사이에서 가장 대중적인 것이 이 모델이지만, Ia형 초신성의 관측 등에 기초하여, 우리는 이미 도지터기(期)라고 불리는 가속팽창기에 있다고 생각할 수 있다.

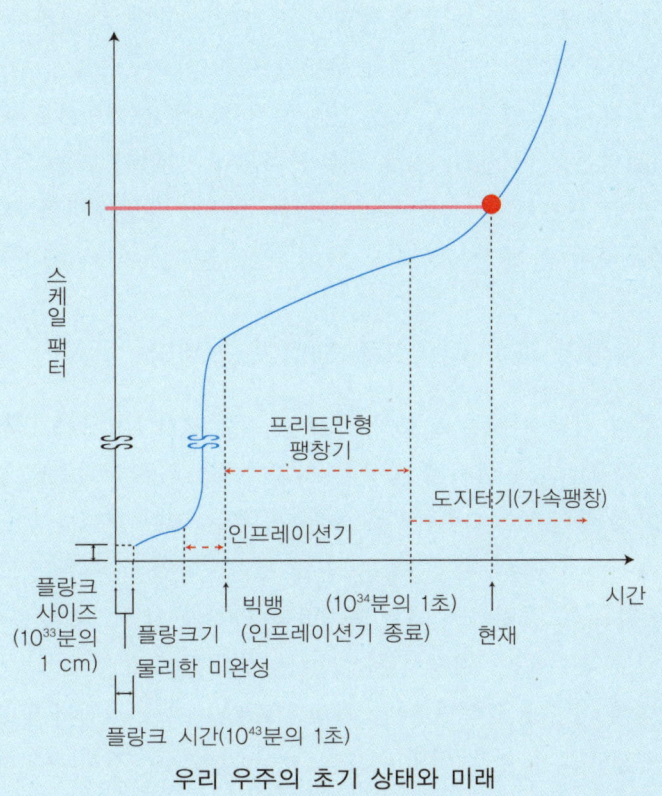

우리 우주의 초기 상태와 미래

허블상수를 73.2km/(sec·Mpc) 또는 $\Omega_m=0.24$라고 하면, 현재의 우주연령은 잘 알려진 137억 년이 된다. 모델(4)는 (3)보다 더 큰 우주상수를 가진 우주이지만, 처음에는 팽창속도가 모델(3)보다도 느리다. 그러나 가속팽창으로 옮기면, 팽창률이 급속히 증대한다.

참고로 우주상수 밖에 가지고 있지 않은 도지터 우주의 일례를 모델(5)의 그림으로 표시해두었다. '지수 함수적' 팽창을 하는 우주이지만, 우리 우주의 인플레이션기나 현재부터 미래에 걸친 가속팽창기(도지터기)의 모습을 나타내는 데에 적당하다.

이것과 혼동되기 쉬운 것으로 '아인슈타인-도지터 우주'가 있지만, 이것은 우주상수가 아닌 물질만을 포함한 곡률이 0인 우주 모델로 p.232의 그림(프리드만의 우주 모델)의 모델(2), 바꿔 말하면 평평한 프리드만 우주인 것이다.

우리 우주가 어떤 것이고 어떤 미래를 향해 가는지, 아직 명확한 결론은 나지 않았다. 이후의 연구에 의해 우주의 성장, 우주에 포함된 물질이나 에너지 밀도, 공간의 곡률 등이 좀 더 면밀하게 설명되지 않으면, 진짜 의미의 결론은 낼 수 없을 것이다.

지금까지 얻은 관측 데이터에 의하면, 우주는 계속 팽창해 가는 것이 아닐까 하고 생각할 수 있다. 게다가 팽창속도는 점점 빨라지고 있다고 한다. 대단하다.

수축하지 않고, 이대로 계속 우주가 팽창한다면 어떻게 될까? 당연히 마지막에는 공간이 극한까지 희박해져, 소립자만이 드문드문 존재하고 물질적으로도 에너지적으로도 완전히 흔들림 없는 세계가 된다는 것이 순리적으로 예측한 우주의 종언의 모습이다.

다만 그 한편으로, 지금 우리가 있는 우주가 유일절대의 존재가 아니라 다른 많은 우주가 있다는 '다원우주론'을 말하는 학자도 있다. 진실은 모르지만, 이 편이 더 희망이 있는 듯하다.

★ 상상이 과학 이론으로 되어가는 재미

우주의 여러 가지를 조사하다 보면, 최종적으로는 어느 분야에서도 "지금은 거기까지밖에 모른다.", "지금부터의 이전은 상상이 되지만…"이라는 기술로 넘쳐난다. 즉 인류가 생겨나 발달시킨 과학으로 자연계의 수수께끼를 모두 풀 수는 없는 것이다.

그래서인지 많은 과학자들은 입을 모아 "아직 아무것도 모르는 것과 마찬가지다."라고 말한다. 다만, 바로 "그래서 연구하는 즐거움과 가치가 있다."고 덧붙이지만…

그런데 우주에는 '지평선 문제'라는 것이 있다.

상대성 이론에 의하면 어떤 지점으로부터 어느 지점까지 광속을 넘어 정보가 전달되는 일은 없다. 세상의 모든 것은 빛의 속도를 넘어 가속하는 것이 불가능하기 때문에, 이것은 당연하다. 따라서 먼 천체를 망원경으로 관측하는 행위는 가령 몇 만 년, 몇 억 년 전에 발생한 빛을 보고 있다고 해도, 우리에게 있어서 우주의 최신 정보를 가장 빠르게 입수하는 것이 된다.

한편, 빅뱅 이론은 우리에게 "우주에는 탄생의 시기가 있고, 연령이 있다."고 가르쳐 주었다. 우주의 시간은 유한한 것이다.

우주의 연령에는 여러 가지 설이 있지만, 대개 137억 년부터 146억 년 전에 탄생했다고 여겨진다. 그 이전에는 빛이나 전파와 같은 '정보를 전달하는 매개체'가 없었기 때문에, 우리가 알 수 있는 우주는 '이 사이에 빛이 달려, 지구로 돌아오기까지의 거리'를 반경으로 한 구(球)의 안에서밖에 없다.

요즘 우주는 팽창을 계속하고 있기 때문에, 실제로 우주의 지평선(事象의 地平面)까지의 거리는 약 470억 년 정도이다. 그 이상 전의 것은 어떤 수를 써도 확인할 수 없다. 그래서 유감스럽게 여기는 사람도 있을 것이다.

그러나 이것은 어디까지나 '물리적으로 관측할 수 있는 한계'로 현재의 우주론은 이미 이 범위를 넘어서고 있다. 그레이트 월과 보이드에 의한 우주의 대규모 구조, 암흑물질과 다크 에너지, 다원우주, 다차원 공간 등의 연구는 우주의 지평선에 도달하지 못한 것이다.

이거야말로 우주에 대해 연구하는 최대의 즐거움이라고 생각한다.

본래라면 절대로 알 수 없는 것을 관측 가능한 사실로부터 상상해, 새로운 관측이나 실험, 사고 등에 의해 조금씩 확실한 이론으로 정립해 간다. 과학이란, 이러한 작업에 불과하다.

세상에는 알지 못하는 것이 많다. 과학적인 문제뿐만 아니라, 다른 사람의 마음 속 같은 건 절대로 모르는 것이다. 그래도 우리들은 사람들과의 교류를 포기할 수 없다. 친구를 만들거나, 사랑을 하면서 즐겁게 산다.

우주에 대한 관심도 같은 것이다.

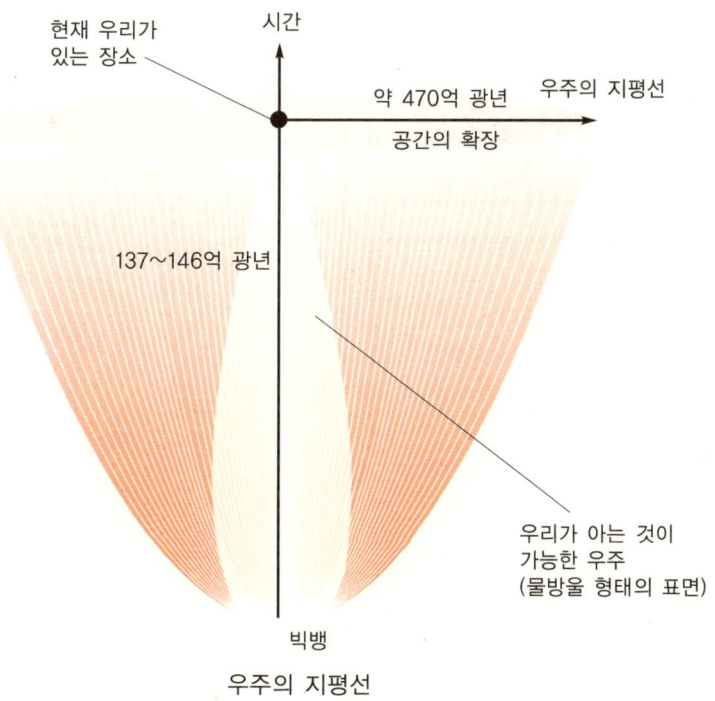

우주의 지평선

참고문헌

〈서적·잡지〉

- 『東京理科大學·坊ちゃん選書 はるかな146億光年の旅 宇宙人から最新宇宙論まで』川端潔/著 (オーム社) 2006
- 『宇宙と太陽系の不思議を樂しむ本 ビッグバンからあなたまでのシナリオ』的川泰宣/著(PHP 研究所) 2006
- 『宇宙の謎がみるみるわかる本「宇宙の歷史」から「生命の歷史」まで』的川泰宣/著(PHP 研究所) 2003
- 『宇宙はわれわれの宇宙だけではなかった』佐藤勝彦/著 (PHP 研究所) 2001
- 『「相對性理論」を樂しむ本 よくわかるアインシュタインの不思議な世界』佐藤勝彦/監修 (PHP 研究所) 1998
- 『相對性理論がみるみるわかる本』佐藤勝彦/監修 (PHP 研究所) 2003
- 『相對性理論と量子論 物理の 2大理論が 1 冊でわかる本』佐藤勝彦/監修 (PHP 研究所) 2006
- 『「宇宙」の地圖帳 新常識がまるごとわかる!』縣秀彦/監修(青春出版社) 2007
- 『「太陽系」の地圖帳 新常識がまるごとわかる!』縣秀彦/監修(青春出版社) 2008
- 『新しい太陽系』渡部潤一/著 (新潮社) 2007
- 『暗黑宇宙で銀河が生まれる ハッブル&すばる望遠鏡が見た 137 億年宇宙の眞實』谷口義明/著 (ソフトバンククリエイテイブ) 2007
- 『宇宙を讀む カラー版』谷口義明/著 (中央公論新社) 2006
- 『世界の論爭·ビッグバンはあったか 決定的な證據は見當たらない』近藤陽次/著 (講談社) 2000
- 『子どもの疑問からはじまる宇宙の謎解き 星はなぜ光り, 宇宙はどうはじまったのか?』三島勇, 保坂直紀/著 (講談社) 2000
- 『宇宙史の中の人間 宇宙と生命と人間』海部宣男/著 (講談社) 2003
- 『宇宙のからくり 人間は宇宙をどこまで理解できるか?』山田克哉/著 (講談社) 1998
- 『宇宙 未知への大紀行 1 天に滿ちる生命』NHK「宇宙」プロジェクト/編 (日本放送出版協會) 2001
- 『宇宙 未知への大紀行 2 宇宙人類の誕生』NHK「宇宙」プロジェクト/編 (日本放送出版協會) 2001
- 『宇宙 未知への大紀行 3 百億個の太陽』NHK「宇宙」プロジェクト/編 (日本放送出版協會) 2001
- 『宇宙 未知への大紀行 4 未來への暴走』NHK「宇宙」プロジェクト/編 (日本放送出版協會) 2001
- 『SF宇宙科學講座 エイリアンの侵略からワープの秘密まで』ローレンス·M·クラウス/著, 堀千惠子/譯 (日經BP社) 1998
- 『藤井旭の天文學入門』藤井旭/著 (誠文堂新光社) 1990
- 『Cosmos』カール·セーガン/著, 木村繁/譯 (朝日新聞社) 1980

- 『相對論はいかにしてつくられたか　アインシュタインの世界』リンカーン・バーネット/著,
  中村誠太郎/譯 (講談社) 1968
- 『光速より速い光　アインシュタインに挑む若き科學者の物語』ジョアオ・マゲイジョ/著, 青木薫/譯
  (日本放送出版協會) 2003
- 『四次元の世界　超空間から相對性理論へ』都筑卓司/著 (講談社) 2002
- 『10歳からの量子論　現代物理をつくった巨人たち』都筑卓司/著 (講談社) 1987
- 『相對論對量子論　徹底討論・根本的な世界觀の違い』メンデル・サックス/著, 原田稔/譯 (講談社) 1999
- 『相對論の ABC たった二つの原理ですべてがわかる』福島肇/著 (講談社) 1990
- 『HAL はいぱああかでみっくらぼ』あさりよしとお/著 (ワニブックス) 2000
- 『Newton 別冊 宇宙への挑戰』(ニュートン・プレス) 1999
- 『Newton 別冊 次元とは何か』(ニュートン・プレス) 2008
- 『理科年表』文部科學省國立天文臺/編 (丸善) 2007
- 『日本童話玉選』佐藤春夫ほか/監修 (小學館) 1982
- 『竹取物語』阪倉篤義/校訂 (岩波書店) 1970

〈Web 사이트〉

- 宇宙航空研究開發機構 (JAXA)：http://www.jaxa.jp/
- 國立天文臺：http://www.nao.ac.jp/
- 宇宙圖：http://www.nao.ac.jp/study/uchuzu/index.html
- 國立科學博物館：http://www.kahaku.go.jp/
- 理科ねっとわーく　一般公開版 (獨立行政法人科學技術振興機構)：http://rikanet2.jst.go.jp/
- アメリカ航空宇宙局 (NASA)：http://www.nasa.gov/
- 物理のかぎしっぽ：http://www12.plala.or.jp/ksp/
- 山賀 進の Web site：http://www.s-yamaga.jp/index.htm
- アカデミア・ノーツ：http://www.geocities.jp/maeda_hashimoto/index.html
- アインシュタインの科學と生涯：http://homepage2.nifty.com/einstein/einstein.html
- EMANの物理學：http://homepage2.nifty.com/eman/index.html
- 數理科學のページ：http://home.p07.itscom.net/strmdrf/sci.htm
- スペクトロ・アセニアム 知の現代：http://www.aa.alpha-net.ne.jp/t2366/index.htm
- ティーチャーズガイド-宇宙をまなぶ-：http://edu.jaxa.jp/materialDB/html/teacher/menu.html

- 岡山理科大學學友會文化局天文部オフィシャルサイト：http://www23.big.or.jp/~tenmon/index.html
- 生命と宇宙(KenYao'S HOME)：http://www1.fctv.ne.jp/~ken-yao/index.htm
- Koichi Funakubo's Page：http://astr.phys.saga-u.ac.jp/~funakubo/funakubo-j.html
- 重力派實驗物理學（大阪市立大學大學院理學研究科數物系專攻宇宙·高エネルギー大講座神田研究室）
  ：http://www.gw.hep.osaka-cu.ac.jp/index_ja.html
- 宇宙と物理の小部屋：http://www008.upp.so-net.ne.jp/takemoto/index.htm
- 不思議館：http://members.jcom.home.ne.jp/invader/index.html
- 月探査情報ステーション：http://moon.jaxa.jp/ja/index_fl.shtml
- 天文おまかせガイド.net：http://astronomy.lolipop.jp/index.html
- 日本惑星協會：http://www.planetary.or.jp/
- ハイパー海洋地球百科事典（獨立行政法人海洋研究開發機構）：http://www.jamstec.go.jp/opedia/index.html
- クマムシゲノムプロジェクト：http://kumamushi.org/
- 「地球最强の生物」クマムシ, 宇宙でも生存できるか (WIRED VISION)：http://wiredvision.jp/news/200709/2007092722.html
- WIRED NEWS：http://blog.wired.com/wiredscience/2007/09/can-the-worlds-html

그 외 『ウィキペディア フリー百科事典』의 관련 항목을 참고 바랍니다.

사진제공

〈본문〉

- p.77 「月面に置かれた距離測定用の鏡」NASA Johnson Space Center Collection
- p.95 「水星」Mariner 10, Astrogeology Team, U.S. Geological Survey
- p.134 「128億 8000万光年離れた銀河」國立天文臺 제공

  「すばる望遠鏡」國立天文臺 제공
- p.135 「國立天文臺野邊山の 45m 電波望遠鏡」國立天文臺 제공
- p.138 NASA

〈면지 사진〉

- 「マーズパス·ファインダーによって撮影された火星の 表面」NASA/JPL
- 「土星の衛星タイタン」NASA/JPL/Space Science Institute
- 「木星の衛星イオ」Credit:Galileo Project, JPL, NASA
- 「わし座星雲」The Hubble Heritage Team,(STScI/AURA), ESA, NASA
- 「かに座星雲」 NASA/ESA/JPL/Arizona State Univ.
- 「アンドロメダ銀河」Jason Ware
- 「ハッブルディープフィールド」NASA, ESA, S. Beckwith (STScI) and the HUDF Team

찾아보기

영문

CfA2 Great Well	151
Is형 초신성(超新星)	198
Milky Way	113
Sloan Great Wall	151
UFO	37
WMAP 위성	176

ㄱ

가니메데(Ganymede ; 가니메데스)	105, 193
가우스 곡률	230
갈릴레이(Galileo Galilei)	64, 81, 128
개천설(蓋天說)	29
거대 얼음 행성(巨大氷行星)	100
고래좌 타우성	193
곡률(曲率)	229
광년(光年)	116
광자(光子 ; photon)	177
국부은하군(局部銀河群)	215
국부초은하단(局部超銀河團)	215
궤도 장반경	82, 89
그레이트 월(Great Wall)	151, 215
금성(金星)	96

ㄴ

노베야마 산 국립천문대(野邊山國立天文臺)	135
누토	28
뉴턴(Sir Isaac Newton)	233
뉴트리노(neutrino)	121

ㄷ

다원우주론(多元宇宙論)	225, 227
다크 에너지(dark energy)	121
대마젤란 은하(大 Magellan 銀河)	151
데모크리토스(Demokritos)	128
도지터기	237
도플러 효과(Doppler 效果)	159
드레이크의 방정식	190

ㄹ

렙톤(lepton)	178

ㅁ

막대 소용돌이 은하	120
말안장 모양 우주	233
맥동 변광성(脈動變光星)	197
명왕성(冥王星)	102, 138
목성(木星)	98
목성형 행성(木星型行星)	98

ㅂ

반물질(反物質)	179
반사식 망원경(反射式望遠鏡)	134
반쿼크(反quark)	179
보이드(void)	215
불꽃반응	161
브라헤(Tycho Brahe)	81
블랙홀(black hole)	120

빅뱅(big bang)	140	은하군(銀河群)	148
빅뱅 이론(big bang 理論)	169	은하단(銀河團)	123
		은하수(銀河水)	110
		이심률(離心率)	86
		일반 상대성 이론	233

ㅅ

상대성 이론(相對性理論)	212
섬우주(island universe)	132, 147
세페이드 변광성(Cepheid 變光星)	197
소립자(素粒子)	121, 177
소마젤란 은하(小 Magellan 銀河)	151
소용돌이 은하	120
수성(水星)	95
스바루망원경	134
스페이스 워프(space warp)	217
시몬 마리우스	133

ㅈ

자이언트 임팩트(giant impact) 설	105
적방편이(赤方偏移)	158
전파망원경(電波望遠鏡)	135
절대등급(絶對等級)	196
절대시간(초시간)	217
조르주 르메트르	236
지구형 행성(地球型行星)	98
지동설(地動說)	49
지평선 문제(地平線問題)	238

ㅊ

처녀좌 초은하단	215
척력(斥力)	234
천구(天球)의 회전에 관하여	63
천동설(天動說)	48
천문단위(天文單位；AU)	89, 117
천왕성(天王星)	100
천왕성형 행성(天王星型行星)	100
초공간(超空間)	175
초우주원리(超宇宙原理)	227
초은하단(超銀河團)	123

ㅇ

아리스타르코스(Aristarchos)	50, 55, 136
아리스토텔레스(Aristoteles)	49
아인슈타인(Albert Einstein)	233
아인슈타인-도지터 우주	237
아폴로 11호	23
안드로메다 은하	121, 154
알렉산드르 프리드만	233
암흑물질(暗黑物質；dark matter)	119, 121
에라토스테네스(Eratosthenes)	30, 78
에리다누스좌 엡실론성	193
에우로파	98, 193
연주시차(年周視差)	137
오르트(Oort) 구름	117, 138
우주 마이크로파 배경 방사	176
우주상수	235
우주원리	190
우주의 대규모 구조	150
윌슨 산 천문대	134, 153

ㅋ

카이퍼 벨트	138
칸트(Immanuel Kant)	132
칼 세이건	191

찾아보기 **245**

케플러(Johannes Kepler)	68, 82
케플러(Kepler)의 법칙	68, 82, 85
켄타우로스좌 알파성	194, 213
코너 큐브 미러(corner cube mirror)	77
코로나(corona)	108
코페르니쿠스(Nicolaus Copernicus)	49, 80
쿠마무시	195
쿼크(quark)	178

ㅌ

타이탄(Titan)	105, 193
토성(土星)	99
튜브 웜(tube worm)	192
트랙트릭스 회전면(回轉面)	218, 231

ㅍ

파섹(parsec ; pc)	137
팔로마 산 천문대(Palomar山 天文臺)	134
페르미(Enrico Fermi)	191
페르미(Fermi)의 패러독스	192
편이(偏移)	158

프랭크 드레이크	190
프리드만(Friedman) 우주 모델	232
프리드만-르메트르 우주	236
프톨레마이오스 클라우디오스 (Ptolemaios Claudios)	61, 80
플랑크(Planck) 시대	173

ㅎ

할로우 섀플리	197
항성천(恒星天)	129
해왕성(海王星)	101
행성계(行星系)	150
허블(Edwin Powell Hubble)	152
허블상수(Hubble 常數)	172
허블 우주망원경(宇宙望遠鏡)	134
허셜(Sir Frederick William Herschel)	130
헤르츠스프룽-러셀 도(圖)	196
혼천설(渾天說)	29
화성(火星)	97
회귀선(回歸線)	30
히파르코스(Hipparchos)	79

〈저자 약력〉
Ishikawa Kenji(石川 憲二)
과학기술 저널리스트
1958년 도쿄 출생으로 도쿄 이과대학 이학부 졸업
주간지 기자를 거쳐, 프리랜서 편집자 & 라이터
서적이나 잡지기사 제작, 소설 및 칼럼 집필
20년 이상 걸쳐 기술자·연구자 취재, 일반인 대상의 해설원고 집필
＊취급한 과학기술영역 : 전기, 기계, 항공·우주, 디바이스, 재료, 화학 외 다수

〈감수자 약력〉
Kawabata Kiyoshi(川端 潔)
도쿄 이과대학 이학부 물리학과 명예교수 이학박사, Ph.D.
1940년 미네현 출생
1964년 도쿄대학 이학부 우주물리학과 졸업. 미국 유학
1973년 펜실베니아 주립대학 대학원 천문학전공 박사학위(Ph.D.) 취득
1973년 도쿄대학 우주물리학 이학박사 학위 취득
1974년 콜롬비아 대학 연구원 NASA 고다드 우주과학연구소 연구원
1982년 도쿄 이과대학 이학부 물리학과 조교수
1990년 도쿄 이과대학 이학부 물리학과 교수
＊전문분야 : 우주물리학(관측적 우주론, 방사전달이론)

＊＊주요저서
「はるかな 146億光年の旅」(オーム社)
「パソコンで宇宙物理學 計算宇宙物理學入門」(飜譯)(國書刊行會)

● 제작   베르테 : Arai Satoshi(新井 聰史), Kawasaki kenji(川崎 堅二)
● 그림   Hiiragi Yutaka(柊 ゆたか)

저자 약력 **247**

만화로 쉽게 배우는 우주

원제 : マンガでわかる 宇宙　　　　　　정가 : 13,000원

검 인
생 략

저자 _ Ishikawa Kenji(石川 憲二)　　　2010. 5. 28 초판 1쇄 인쇄
그림 _ Hiiragi Yutaka(柊 ゆたか)　　　2010. 6. 4 초판 1쇄 발행
감수 _ Kawabata Kiyosi(川端 潔)
감역 _ 이 태 원
역자 _ 양 나 경
제작 _ Verte
펴낸이 _ 이 종 춘
펴낸곳 _ BM 성안당
주소 _ 경기도 파주시 교하읍 문발리 출판문화정보산업단지 536-3
전화 _ 031)955-0511
팩스 _ 031)955-0510
등록 _ 1973. 2. 1 제13-12호
홈페이지 _ www.cyber.co.kr

ISBN _ 978-89-315-7422-7

편집 : 이태원, 김인환, 이용화, 김유석, 김남기, 이은정
영업 : 김유재, 변재업, 정창현, 차정욱, 최현욱, 이동후
제작 : 구본철

이 책은 Ohmsha와 성안당의 저작권 협약에 의해 공동 출판된 서적으로, 성안당 발행인의 서면 동의 없이는 이 책의 어느 부분도 재제본하거나 재생 시스템을 사용한 복제, 보관, 전기적·기계적 복사, DTP의 도움, 녹음 또는 향후 개발될 어떠한 복제 매체를 통해서도 전용할 수 없습니다.

두꺼운 황산구름에 덮인 금성(p.96)

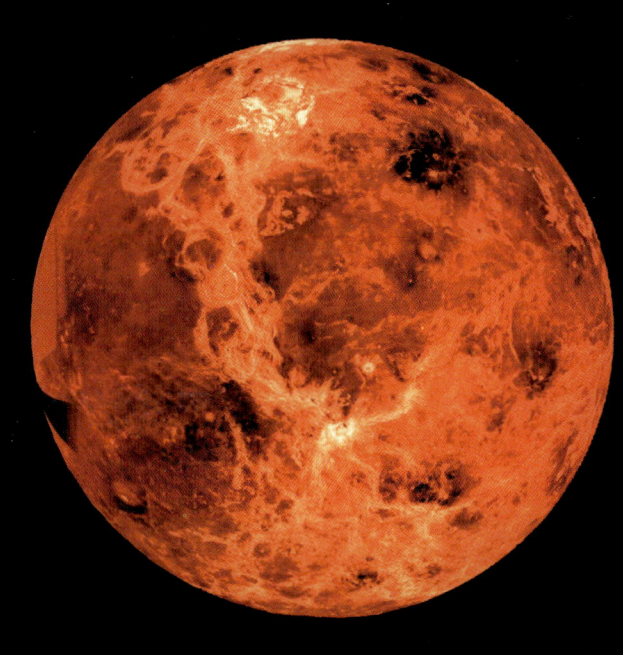
레이더의 반사율로 본 금성(p.96)

달(p.104)

지구(p.103)

해왕성(p.101)

화성(p.97)

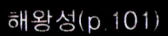

마스 파스파인더에 의해
촬영된 화성의 표면
(앞에 보이는 것이 관측기)

토성(p.99)

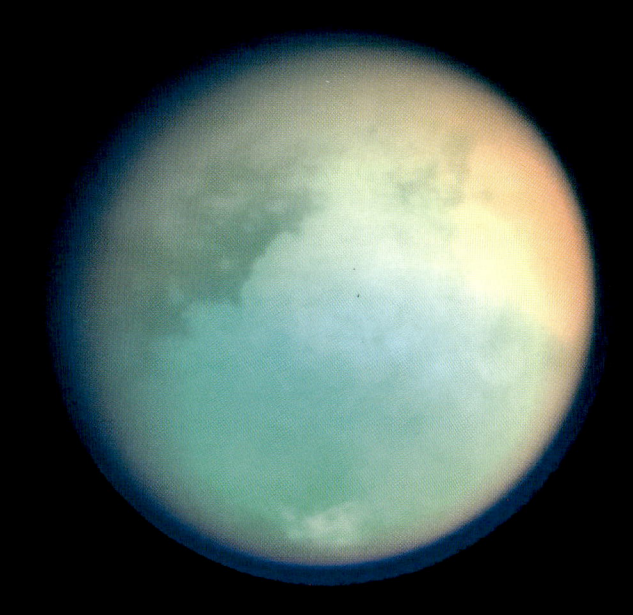
토성의 위성 타이탄(p.193)

목성(p.98)

목성의 위성 이오

독수리좌 성운

허블 울트라 디프 필드

게좌 성운

안드로메다 은하(p.154)